建設経営者のための
企業利益を生み出す

人材創造

■ 今、なぜ「人材創造」なのか
■ 企業の人事育成の実態
■ まだまだ「改革」できる経営感覚
■ 「改革」は人材の再生から始まる
■ 人材創造のシステム
■ 原点は「企業の胎動」

小澤康宏 [著]

はじめに

　「不況になると企業数が増加する」という建設業界の特殊な体質をつくりあげたのは、長期にわたる不況下での政府の「公共投資」の積み増しによる景気対策であり、それは同時に、日本の財政を先進国の中でも最悪といわれるまでにしてしまった。そして、それは公共投資に依存することで安定を保ってきた建設業界と、それを黙認してきた政府の構造が生み出した結果の何ものでもない。
　現在、就業する従業員数が日本の全就業者数の約１割を占め、企業数が50万社以上にもなる「建設業界」の危機が叫ばれて久しい。その原因は、果たしてバブル時期の余波と日本経済の低迷、不況だけにあるのだろうか。
　当然、そうした外的要因を否定することはできないが、それ以上に建設業界の「人材」の質に起因することが大きいと思われる。なぜなら、それは業界特有の閉鎖性と長年にわたる公共投資依存体質が、「自分の考えを持たないこと」がよしとされる独自の「人材像」をつくり上げ、それ以外の「人材」を受け入れようとはしない業界だからであろう。
　早急な「建設業界の構造改革」が求められている今日、建設業の経営者が取り組まなければならないのは、「自ら考え、自ら方向性を見出し、自ら行動できる人材」、つまり、経営改革や改善という形で組織を変革できる人材を創造することである。
　それ以前に建設業の経営者は、「経営とは経営哲学を持ち、その信念に基づき組織を動かし、企業利益につなげることだ」と理解することである。
　つまり、企業づくり、人づくりは経営者自身の手で行わなければならないということである。そして、そのために経営者がやらなければならない

のは、次の4項目である。
① 「人づくり」を経営課題の1つにする。
② 経営方針と人事施策を連動させる。
③ 「人づくり」のためのシステムを構築し、組織をマネジメントする。
④ 経営哲学に基づいた「人づくり」を考える。

こうして考えてみると、経営改革は、「企業づくり」を具体的に実践していく社員が頭を使い、行動できなければ進められないことがわかるはずである。

これまで、建設業界の人づくりに対する"体たらく"を招いてきたのは、「自分で考え行動する」人材を育てず、「言われたことに従い、黙って行動する」人材を好んで受け入れてきたからである。

技術と経営に優れた建設企業になるためには、これまでの従順かつ受動的な「人材」の概念を打ち破り、今の時代に即した仮説構築力や問題解決力などの能力を重視した人材を創造することである。そして、その人材の能力の高さこそが「企業の力」になる。

では、そのような人材をどうすれば育てることができるのだろうか。「仕事が忙しい」ことを理由に指導・育成を後回しにしてきてはいないか、もう一度考えてみていただきたい。

建設業界が「公共工事削減」により窮地に追い込まれている現在、将来的不安と日夜戦いながら企業存続を考えることに精一杯で、教育投資の優先度は低くなって当然だなどと思わないでほしい。

本書では、長年にわたって築かれた企業風土や価値観による「建設企業の実態」に真正面から立ち向かい、経営者が「自ら考え、自ら方向性を見出し、自ら行動できる人材」を創造するための処方箋(方策)を考えていきたい。

本書を執筆しようと思いたったのは、筆者自身、建設業界の繁栄と衰退の両面を体験し、身を投じてきたからこそ、経営者の目線に立ち、これま

で特有の閉鎖的業界風土によって封印されてきた具体的な事例を用いた解説ができると思ったからである。また筆者自身、これからの建設業界の発展を願い、共に考えていく姿勢を今後も持ち続けたいからである。

　さらに今後、建設業界から「自信と誇りを持った人材」が輩出することを切に願い、筆を執った次第である。

　本書が建設業界に一石を投じ、「人材創造」という経営課題が広く議論されていくことを期待したい。

　　2007年3月

　　　　　　　　　　　　　　　　　　　　　　　　　　小澤　康宏

目　次

はじめに

第1章　今、なぜ「人材創造」なのか

第1節　人材を創造する……………………………………………3

1　自ら考え、自ら進む方向を見出し、自ら行動できる人材を創り出す…………3
　(1)　企業改革を実践すべき人材の不足　　3
　(2)　失敗例―地方の中小建設企業Ａ社　　5
　(3)　成功例―地方の中小建設企業Ｂ社　　6

2　今の時代が求める人材創造の姿…………………………………7
　人材創造1　戦略的方向性を決定する　　7
　人材創造2　顧客満足を追求し、企業利益につなげる　　7
　人材創造3　人材資源を効率的に活かし、技術開発を進める　　8
　人材創造4　目標と目的を持つ　　9
　人材創造5　業務の標準化と改善、その評価をインセンティブに連動させる　　9
　人材創造6　マネジメントを機能させ、成果を上げる　　10

第2節　人材で経営が変わる…………………………………………12

1　経営における人材創造……………………………………………12

(1) 地方建設企業の経営実態と人材　　12
  (2) 過程1—戦略的方向性の決定　　13
  (3) 過程2—営業戦略構築　　14
  (4) 過程3—コストダウン戦略構築　　16
  (5) 過程4—アクションプラン策定　　17
  (6) 過程5—業務の標準化　　19
  (7) 過程6—マネジメント　　20
 ② 人材を変貌させるマネジメント能力 …………………………21
  (1) マネジメント能力体系図　　21
  (2) 戦略構築能力　　22
  (3) 管理統制能力　　23
  (4) 問題解決能力　　24
  (5) 対人関係能力　　25
  (6) 個人特性　　26

第3節　企業が求める「改革」できる人材 ……………………27

 ① 「改革」できる人材に対する投資の必要性 …………………27
 ② 前提 …………………………………………………………29
  (1) 人材創造のあるべき姿の策定　　29
  (2) 改革環境の整備　　30
  (3) 人材のピックアップ　　31
  (4) プロジェクト体制の構築　　32
  (5) ホットラインの設置　　32
 ③ モデル活動 …………………………………………………33
  (1) 改革アクションプランの策定　　33
  (2) 活動、監視、成果およびプロセスの確認　　33

(3) ホットラインの検証　33
　(4) 事業モデルの標準化　34
4 全社水平展開 ……………………………………………34
　(1) 説明会、勉強会の定期開催　34
　(2) 定期的な人材の評価　35

第2章　企業の人事育成の実態

第1節　企業の人材育成の実態 ……………………………39

1 企業存続のための人材育成 …………………………39
　(1) 環境変化に対応できる人材育成　39
　(2) 人材育成の3つの視点　40
2 教育を受ける側 ………………………………………42
　Q-1 なぜ、自己能力向上の手段として現場経験に頼ろうとするのか　42
　Q-2 なぜ、わからないことを先輩や上司に聞こうとしないのか　44
　Q-3 なぜ、指示されたことや伝達事項に対して、メモを取らないのか　46
　Q-4 なぜ、「自分ノート」を作成し、経験したことや勉強したことを整理しないのか　48
　Q-5 なぜ若手は、企業が資格取得を支援することが当然だと思っているのか　50
3 教育を実施する側 ……………………………………52
　Q-1 なぜ、予備知識を習得させずに現場に出すのか　52
　Q-2 なぜ、若手教育の習得内容が明確になっていないのか　54
　Q-3 なぜ、現場経験の豊富さを基準に指導者にするのか　56

Q-4　なぜ、教育計画を立てながらそれが実践（活動）できないのか　58
　　Q-5　なぜ、教育の中心が外部機関の研修会への参加になっているのか　60
　④ 教育の効果を評価する側 …………………………………………………62
　　Q-1　なぜ、教育の効果と昇給昇格、給与や賞与等の個人評価が連動していないのか　62
　　Q-2　なぜ、主観判断によって教育の効果が評価されても反論しないのか　65
　　Q-3　なぜ、指導する側は評価されないのか　66
　　Q-4　なぜ、知識習得や能力向上が企業の将来を変革する「やる気」につながらないのか　69
　　Q-5　なぜ、教育を受ける対象は「若手」に限られるのか　71
　⑤ 実態整理と課題 ……………………………………………………………73

第2節　企業に与える人材の影響 ……………………………………………79

　① 企業の人材育成の実態から浮上した課題 ………………………………79
　② 完成工事高と固定人件費 …………………………………………………80
　③ 経営計画の策定と戦略 ……………………………………………………81
　④ 部門組織と機能 ……………………………………………………………81

第3章　まだまだ「改革」できる経営感覚

第1節　市場変化に敏感になる ………………………………………………87

　① 市場変化 ……………………………………………………………………87
　② なぜ、市場変化をつかむのか ……………………………………………89

- ③ 市場変化と現場の関係 …………………………………………90
- ④ ビジネスチャンスは市場変化の中に潜んでいる ………………91

第2節 顧客の真の要求を察知する …………………………………93

- ① 顧客の要求とは ……………………………………………………93
- ② 顧客の要求を分析してアプローチ方法を考える …………………95
- ③ 顧客の真の要求への対処 …………………………………………97

第3節 マネジメントサイクルを回し続ける ………………………99

- ① マネジメントの理解 ………………………………………………99
- ② マネジメントサイクルとは ………………………………………100
  - 企業実態1　マネジメントを一現場と同じ1つの業務としてとらえている　101
  - 企業実態2　マネジメントを経験で処理しようとする　102
  - 企業実態3　業務について評価されることを嫌う　102
  - 企業実態4　企業の方向性と自己業務の関連性を理解していないため、行動を見直すことができない　103
- ③ 現場管理とマネジメント …………………………………………104
  - (1) 現場管理の盲点　104
  - (2) 方針決定と目標設定　105
  - (3) 原因追及　105
- ④ マネジメントサイクルを回し続けるためには ……………………106
  - (1) 目的や言葉の定義を明らかにする　106
  - (2) PDCAの流れをフローチャートに表す（組織を縦軸にとる）　107
  - (3) PDCAをそれぞれプロセスの集合体とみなす　110
  - (4) 教育の機会を上記(1)から(3)の情報を使って提供する　110

(5) 1サイクル回した後に達成できたこと、達成できなかったことを第三者の視点で評価し、次の目的設定を行う　111

第4章　「改革」は人材の再生から始まる

第1節　人材再生のための指導者 ……………………………………115

1　指導者の立場　115
2　「将来の企業づくりのための教育」不足　116
(1) 従来の教育とは、資格取得と現場経験　116
(2) 経営者の意識　117
(3) 指導者の意識　117
(4) 建設業協会など諸団体の教育サポート環境　118
3　指導者のレベルアップが図れない ……………………………120
(1) 指導者に対する教育は皆無　120
(2) 企業における指導者の位置づけと指導者評価　121
(3) 業務担当者対象の教育研修会に指導者を参加させている教育の概念　121
(4) 資格優先主義と企業家精神醸成の欠落　122
4　建設企業の成果と指導者の関係 ………………………………123
(1) 指導者の評価　123
(2) 企業の成果と指導者評価　124
(3) 指導者のインセンティブ　125

第2節　指導者の能力とは何か …………………………126

1　将来のカギを握る指導者 …………………………126
2　将来の指導者像とは …………………………127
　(1)　経営環境づくりのかなめ　127
　(2)　プレイングマネージャーとして業務を遂行できること　127
　(3)　計画的・組織的なアプローチで若手の育成をサポートすること　128
　(4)　外部環境を把握して経営課題を設定することで企業に貢献すること　128
3　ビジネスチャンスを拡大する能力を持て …………………………129
　(1)　企業家的思考を持った指導者　129
　(2)　市場の潜在ニーズを把握し、新たなビジネスモデルを構築する能力　130
　(3)　顧客が抱える問題に対して、サポートを通じて解決を図る能力　131
　(4)　対外部への自社商品の差別化とそれを普及させる能力　131
4　将来の人材を育成する指導者の能力 …………………………132
　(1)　指導者の能力の必要性　132
　(2)　若手の価値観を理解し、受け入れる能力　132
　(3)　基本となるルールやマナーを認識させる能力　133
　(4)　若手の弱点をつかみ、正しく方向づけする能力　134
　(5)　論理的な思考で、内容に一貫性のある会話ができる能力　135
　(6)　市場ニーズの変化に合わせた方策を描く能力　136

第3節　指導者を活かすための法則 …………………………138

1　指導者を活かす …………………………138
2　企業の経営課題に指導者教育を据える …………………………139
　(1)　将来にわたる経営課題の重要性　139

(2)　経営課題における指導者教育の位置づけ　140
　(3)　企業家＝指導者　142
3　指導者教育のための環境づくり……………………………………142
　(1)　環境づくりを任せるリーダー　142
　(2)　「指導者教育」プロジェクトの設置と組織体制　143
　(3)　「指導者教育システム」構築　144
4　業務と指導者教育を識別した取組み ……………………………145
　(1)　これまでの考え方を変える　145
　(2)　業務と指導者教育の目的　145
　(3)　教育によって指導者としての能力を習得した後の責務と権限　146

第5章　人材創造のシステム

第1節　人材創造システムの構築……………………………………151

1　人材創造システムの基本 ……………………………………………151
2　人材創造システムの概要 ……………………………………………152
　(1)　人材創造の基本的な考え方　152
　(2)　将来に向けた人材像　156
3　人材創造システム構築のステップ別内容 ………………………161
　　ステップ1　「力量目標」の設定　161
　　ステップ2　「自己学習プログラム」計画の立案　166
　　ステップ3　「指導要領」の作成　168
　　ステップ4　「自己学習要領」の作成　173
　　ステップ5　「人材創造の成果（目標達成）」の検証と評価　180

第2節　人材創造システムの運用 ……………………………182

1　指導責任者の責務と役割 …………………………………182
2　軌道乗せ ………………………………………………………184
　(1)　キックオフ（軌道乗せプロジェクト立上げ）　184
　(2)　全社員への周知活動　185
　(3)　試行運用開始、定期的検証　185
　(4)　全社員に成果を発表　186
　(5)　エンディング（軌道乗せプロジェクト終了）　186
3　維持（運用の見直し） ………………………………………187
　(1)　維持組織の体制　187
　(2)　運用の見直し　188

第6章　原点は「企業の胎動」

第1節　経営哲学が人材を創造する ………………………191

1　経営哲学という拠り所 ………………………………………191
2　経営哲学を核にした経営をしないのはなぜか……………192
　(1)　建設業衰退の軌跡　192
　(2)　国策だった日本列島改造論　193
　(3)　市場原理のない競争環境　193
3　経営の拠り所となる経営哲学 ………………………………194
　(1)　経営哲学への抵抗　194

- (2) 本質的な経営哲学　196
- (3) 経営哲学を核とした経営理念、経営ビジョン、経営方針　197
- **4** 人材創造の胎動とその核となる経営哲学 …………………198
  - (1) 経営哲学が人材に及ぼす影響　198
  - (2) 自己を律し、自己の行動を変える　199
  - (3) 人材創造の胎動を喚起する　200

第2節　経営哲学を核にした企業の「人材構想」……201

- **1** 地方の地域再生の遅れ ……………………………………201
- **2** 経営哲学と地域再生とのつながり ………………………202
  - (1) 地域再生のポジショニング　202
  - (2) 企業の生き残りと地域再生のミスマッチ（不調和）　203
  - (3) 経営哲学を核にした地域再生への取組み　204
- **3** 破壊と再生能力を持った人材づくり ……………………207
  - (1) 地域再生へ向けて必要な人材とは　207
  - (2) 破壊と再生能力を持った人材育成　209
- **4** パートナーとのコラボレーションが地域再生のカギ ………210
  - (1) 異業種交流の実態　210
  - (2) 建設業の壁を越えて地域再生へ　213
  - (3) パートナーとのコラボレーションで主導権を握る　214

第3節　人材創造は自己実現の場 ……………………215

- **1** 自己実現の実態 ……………………………………………215
- **2** 経営哲学を核とする人材創造 ……………………………216
  - (1) 自己実現は人材創造を核としたスパイラル構造　216

⑵　経営哲学を持たない人材創造では企業の自己実現はない　219
3　**人材創造と市場の一体化** ……………………………………………219
　⑴　机上論で終わらせないために専門家を活用する　219
　⑵　人材創造は常に市場と一体化させる　220
4　**人材創造で企業を変え、社員を変貌させる** ……………………221
　⑴　人材創造は経営哲学を根源にした「構造改革」である　221
　⑵　社員の心に熱き火を灯せ　222

第1章

今、なぜ「人材創造」なのか

- ●人材を創造する
- ●人材で経営が変わる
- ●企業が求める 「改革」できる人材

第1節

人材を創造する

1 自ら考え、自ら進む方向を見出し、自ら行動できる人材を創り出す

(1) 企業改革を実践すべき人材の不足

　1972年、田中角栄（元首相）がイタリアやアメリカの例をあげて持論を展開した「日本列島改造論」に、国内は沸いた。それは、交通網の整備等による地方の工業化を促進するとともに、過疎と過密そして公害問題を同時に解決するというものであった。特に彼の出身地である新潟県など豪雪地帯の貧困の解消を促した。しかし、建設業界においては、そうした交通網の整備で様々な課題が解決するという発想が「土建屋」と呼ばれる体質を招き、反対に「経営の自立」から遠ざかる要因にもなってしまった。

　さらにバブル崩壊以前は、政官業の癒着構造はもちろんのこと、人材や組織のあり方を問題視することもなく、当然、その後訪れる「時代の激変」の予兆にさえ気づかずにいた。そして、その後、不況倒産という形で全国各地の建設企業を直撃する「建設業界冬の時代」が幕を開けたのである。

　この間、国が施した総合経済対策等は単なる延命処置であったにもかか

わらず、各地方の建設企業はそれを頼みの綱とし、依然として公共工事頼みの経営を貫いた。いわんや企業の体質改善などは考えもしなかったのだ。

そして、21世紀の幕開けとともに2001年4月に誕生した小泉内閣による建設業界の企業改革促進が期待されたが、肝心の「企業改革を実践すべき人材の不足」という事態は依然として続き、その結果として企業倒産を食い止めることができないまま現在に至っている。

「企業改革を実践すべき人材の不足」、それはとりもなおさず将来に向かって事業を新しく創り出そうとする人材の欠如である。なぜなら、常に政治家や行政の意向を聞きながら経営を進める「従来型」の企業姿勢が当然のこととして続けられ、ましてや自己の考えを発信し、地域づくりに貢献することなどは考えもしなかったからである。

今、窮地に陥っている建設企業、特に地方の建設企業を救うのは一体何なのか？ それは人材の底上げによる「人材」の能力を活かした経営力・企業力の強化である。そして、その経営力・企業力を強化することで経営と技術に優れた建設業界を取り戻すことができるのである。なぜなら、はじめから建設業界全体が現在のような「経営を疎かにしてきた」わけではなく、現在の状況は業界環境や政策による一時的なものであると考えているからである。つまり、経営能力を持った「人材」を創り出すことが建設業界を救うのである。だからこそ今、「人材の創造」が必要とされているのである。

最近、目の前の利益に躍起になっている経営者に対して、企業の合併や提携が得策であるとアドバイスする向きもあるが、それは倒産を乗り切るための最後の手段である。まだ最後の手段を使わなくても多くの建設企業が自力で再生することは可能であるし、またそうであってほしいと願って止まない。

次に建設業界において、企業改革が失敗した企業、成功した企業の2つの事例を紹介することにする。

(2) 失敗例―地方の中小建設企業Ａ社

　Ａ社は創業が古く、これまで地域の雇用や産業振興に貢献してきた優良企業である。オーナー一族は代々、国会議員を輩出してきた地元の名士でもあることから、元請企業として多くの下請企業を抱え、リーダー的存在でもあった。

　しかし、そのＡ社もバブル崩壊以後の急激な公共投資削減を受け、経営も斜陽傾向になったため、本業強化だけではなく新規事業にも着手した。ところが、3～5年経ってもその成果は上がらず、経営も好転することはなく、数年後には会社更生法の適用を受けるに至った。

　なぜ、このような結果になってしまったのか。それは経営者の戦略、着手する組織とその方法に問題があったからである。

　まず、改革に対する経営者の意識が希薄だった。改革をすべて各部門へ丸投げしていたことが失敗の最大の原因である。具体的には、改革を具現化し、実践していく社員の意識はもちろんのこと、経営システムを見直し、経営環境の変化への対応を考えないままに改革を行い、その一方では漠然と本業強化や新しい事業に着手し、投資していったのである。

　特に、経営環境変化の中でも規制緩和やマネジメントの重要性、組織の経営的な視点の必要性などに対する経営者の問題意識が欠けていた。

　社員は、「会社がやるべきこと」として、指示された業務の一環として受け止め、会社の上司の指示に従って実践していったが、だからといって、経営者の考えを理解しているわけではなかった。

　経営者は、まず何をしなければならなかったのか。それは、
　① 経営者自身の企業づくりの哲学やポリシーを持つ。
　② 経営者は企業のビジョンを示し、戦略を構築する。
ことが必要だったのである。そのうえで、社員に対して自己の考えを理解させ、その目標に向かって全員が考え、行動するような意識改革を図る必

要があったと思われる。

つまり、企業の本質、経営者の意識を変えなえれば、成功には至らないということである。

(3) 成功例—地方の中小建設企業Ｂ社

創業間もない中小建設企業であるＢ社の経営者は44歳。リーダーシップもあり、率先垂範型であったが、その反面企業の経営システムは経営者の理想とはかけ離れていた。具体的には、組織をコントロールするシステムが欠けていたのだ。

そこで、その経営者が講じた策は、まず自分の考えを打ち出し、社員に対してもその考えを植え付けた。

次に、自社の経営システムに欠けている組織のコントロールと人材育成の部分に関しては、外部機関を活用して構築していった。その際に最大の注意を払ったのは「顧客への対応」であった。

人材育成については、外部機関を活用することで、システム構築と運用方法を学ばせ、企業にとって「社員の能力向上」がいかに重要であるかということを理解させていった。社員も自ずと自己の能力向上意識を持ち、自分から進んで考え、行動を起こすようになっていった。当然、成果は目に見える形で上がっていった。

つまり、改革は経営者一人で行うものではないということだ。戦略を構築したら終わりではなく、そこから新たな機能がスタートする。それを実践していくのが社員であり、改革を社員自ら実感できることが成功の秘訣である。

この２つの事例を見ると、経営者の経営能力の差、経営者としての力量や頭の良し悪しよりも「人材育成の重要性に気づくか否か」の差である。組織を実際に動かすのは経営者ではなく、組織に属する社員である。その社員が、自分から行動できるか否かという、その差が大きいのだ。

2 今の時代が求める人材創造の姿

人材創造 1　戦略的方向性を決定する

　経済の動向から漠然と推測する「建設企業の将来」は意味があるとは思えない。例えば自社の、まず、1年先、3年先、5年先の姿を思い描いてみよう。そうした場合、1年先は予測可能かもしれないが、3年先、5年先の姿を思い描ける企業は非常に少ないのではないかと思われる。それはなぜか？　建設企業の将来を予測するときの基本にあるのは「公共投資額の動向」であって、市場経済の動向ではないからである。つまり、常に公共投資額に左右され、その行方こそが予測になっているのが現状である。

　しかし、公共投資額が削減に向かう現状からみて、今後さらに公共工事の受注高は減少していくであろう。このような状況下、一定の利益を確保するためには経費を削減するか、または公共工事以外の工事も受注するか、そのいずれかの方法しかない。

　公共工事の受注低減を埋めるためには、民間工事の受注に向けて取り組むのか、新事業へ進出するのかなど、経営環境に基づくデータや数値、そして理念やビジョンに基づいた方向性を考慮し、企業の今後の姿を描いた戦略的方向性を決定できることがその条件となる。そして、この戦略的方向性を決定し、構築し、具現化できる人材が必要なのである。

人材創造 2　顧客満足を追求し、企業利益につなげる

　建設企業は顧客別に差別化したサービスを提供し、特命受注を取ることで企業利益につなげている。では、顧客への差別化したサービスとは一体何なのか。公共工事のように設計図書どおりの施工や、地元・地域との交渉によるトラブル回避を顧客のニーズとしてとらえることで、果して顧

客・エンドユーザー（最終顧客）の満足は得られているのだろうか。

「顧客満足を追求する」とは、例えば、今までの形どおりの施工や交渉業務以外にサービスを提供すること、つまり、専門的知識や技術を活かした土地利用、空間利用のアドバイスやアフターサービスなど、これまでも顧客に提供してきたサービスに、その提供の仕方をはじめとする様々な応用を加えて経営活動につなげ、それを企業利益という結果につなげることである。

ここで必要とされるのが、顧客が持つ売上不振や競争激化等の悩みや不安について共に究明し、解決策（企画立案）を考え、それを設備投資、構築物の受注につなげ、さらにアフターサービスを継続するという一連の経済活動に連動できる能力を持った人材である。こうした人材を創造できるかどうかが、将来の企業利益を左右することになる。

人材創造 3　人材資源を効率的に活かし、技術開発を進める

技術開発といった場合、ハード面、つまり大型の設備投資を必要とする「工法」をいうことが多い。もちろん「工法」も必要だが、それは技術開発の1つの技術にすぎない。

現在、「総合工事業者」と呼ばれる地方の建設企業の多くは元請としての管理監督が求められているため、特殊技術を持った専門工事業者を使って工事を完成させる立場にある。したがって、広い意味での「技術開発」といった場合、①施工方法、②工法、③企画、④調査・設計、⑤プレゼンテーション、⑥情報等の内容に分けることができる。

こうした技術は当然、人材を活用した取組みが必要となるため、現場とスタッフが協力体制を組んで臨むことが必須である。しかし、現在、出来高に反映されないスタッフの機能に対する重要性は非常に希薄なうえに、その機能にあてられる労力が少ないのが実態である。技術開発を実現するためには、効率的に物事を進めることができる、いわば「バランス感覚」

能力をもった人材を育て、その人材をバランスよく配置することである。

人材創造 4　目標と目的を持つ

　社員が目標と目的を持つこと、言い換えれば「問題意識」を持っているか否かということが重要である。それによって当然業務に対する姿勢も違ってくるし、日常生活での言動も異なってくる。問題意識を持つことによって、相手に自己の考えを伝え、理解してもらおうとするし、相手の考え方も理解しようとするものである。そしてそれが向上心となり、結果として新しい発想を生み出すことになる。

　それは普段の業務においても同様で、何のために行うのか、最終的な目的は何なのか、を理解したうえで仕事に取り組むことで、その成果や効率は変わり、やる気も違ってくる。

　つまり、目標と目的を持つことによって、「主体性、自主性がある人材」に変わるのである。これまでのように与えられた仕事を消化するだけや楽な仕事へと流れていくような受動的な人材では生産性の向上は望めない。目標と目的を持つことが「主体性、自主性がある人材」の育成につながる。

人材創造 5　業務の標準化と改善、その評価をインセンティブに連動させる

　まず、業務の標準化をすることの必要性は理解できるだろう。しかし、業務のノウハウの蓄積とレベルアップを図るには時間を要し、周囲、特に幹部の理解とサポート無くしては成し遂げることはできない。

　人材創造という観点から、ここでは現場代理人を例にあげてみよう。彼らの使命は、施工の効率化や生産性の向上を助け、業務改善を含め業務に工夫を加えることで、原価の低減と目標粗利益の確保を実現することである。しかし現実は、職人への説明や顧客への報告を含めた従来からの慣行や方法を無視することはできず、そのことに多大なる時間と労力を要して

いる。

　そこで、その労力と時間を個人の評価、つまり「報酬」に反映させることによって、業務の標準化、効率的な業務改善、さらには「生産性向上」に対する意欲を向上させるのである。

人材創造 6　マネジメントを機能させ、成果を上げる

　いまだにほとんどの建設企業が、「管理」と「マネジメント」の区別ができていないか、または、その違いが理解できていないのが実情である。

　まず、「管理」とは、管理者による下位者に対する指示、監督、監視の業務が主となる。反対に管理される側の下位者は、管理者の指示に従い、業務を遂行し、その結果を報告する。この場合、下位者は状況判断や問題解決に対する権限は与えられないし、その能力も必要とはされない。

　一方「マネジメント」とは、マネージャーが企業方針に従って計画を立案し（Plan）、実行させ（Do）、その結果を分析し（Check）、それを反映させた計画を立案し、再度実行させる（Action）ことである。

　つまり「管理する」ことと「マネジメントする」ことでは、その内容はもちろん、必要とされる能力も違う。

　「マネジメントが機能している」ということは、常に改善が図られ、より効率的な形で企業活動が行われているということである。反対に「マネジメントが機能していない」ということは、効率的な企業活動が行われていないということになるのだが、残念ながら外部からそれを判断することはできない。また、組織の内部にいる場合、日々の業務の繁忙さから、あたかも「マネジメントしている」と錯覚していたり、そうした状況が慢性化しているため、「マネジメントが機能している」かどうかに気づかないことがほとんどである。

　企業の経営とは、このマネジメント機能を最大限に活用し、その成果を上げることにある。

したがって、今、建設企業に求められているのは、管理者の指示がない限り業務を遂行しない「受動的」な管理しかできない人材ではなく、判断力、分析力、評価力、そして実行力を伴ったマネジメントができる人材なのである。

第2節 人材で経営が変わる

1 経営における人材創造

(1) 地方建設企業の経営実態と人材

　公共工事削減政策が進められている現在もなお、地方の建設企業の経営から「公共工事」を取り除いてしまったら「何も残らない」と即答できるほど、その関係は密接で切り離すことができない状態にある。

　しかし、その「公共工事頼みの経営」神話も、いまや崩壊しつつあることを身をもって実感しているのは、紛れもない地方の建設企業の経営者たちである。だが、そうした現実から逃避し、それでも「公共工事」に望みをかけるが、結局は叶えられずそれがゆえに企業倒産が後を絶たないというのが実態でもある。

　では、どうしたら建設企業は、これまでの「公共工事頼みの経営」を崩し、変わることができるのか。それは企業、つまり組織の源は一体何なのかということを考えることでもある。つまり、「組織は人材によって構成され、その人材によって営まれる」ということである。したがって、その

「人材」によって組織や経営が変わり、また変えることも可能である。

では、どのような人材が必要とされているのか、また創造していかなければならないのか、その条件をまとめたものが、前節の「人材創造1～6」である。

そこで本節では、「経営」を行う過程で「人材創造」にあたる重要なポイントを図で表し、それぞれ解説していくことにする。

(2) 過程1──戦略的方向性の決定

戦略的方向性を決定していく過程で重要な要素は、経営者の経営哲学、経営理念、そして、企業の将来に対する思いではなかろうか。言い換えれば、それは企業活動を通して自社をどうしていきたいのかというビジョンを問い、解決していく過程でもある。

そして次に、このビジョンに世の中の動向や経済環境の変化への対応と

【人材創造】	【経営の過程】
	① 経営哲学・経営理念構想
	② 外部・内部環境変化把握
	③ 将来ビジョン決定
④-1 戦うために必要なあるべき人材の姿を設定	④ 戦略的方向性の決定 ④-1 将来を生き抜く重点経営機能設定 ④-2 市場ニーズの把握（分析） ④-3 仮説構築 ④-4 戦略的意思決定

第2節 人材で経営が変わる　13

いう要素を加え、自社の方向性を決定する。ただし、この自社の方向性を決定する場合、現在のままの経営スタイルで進めるということも選択肢の1つである。また、ある程度のリスクを背負い、新たな経営スタイルを選択することももちろん可能である。

次にビジョンに従って自社がどのように戦えば、確実に成果を出すことができるのかという企業戦略を構築する。つまり、事業領域、ターゲット、サービスを含む商品、組織、営業及び生産戦略、そして経営数値目標等の設定である。

そこで必要となるのが「設定した戦略にはどのような人材が必要なのか」という具体的な人材像を考えることである。それは経営理念やビジョンに対する姿勢、必要な知識や能力、そして考え方など、企業の戦略的角度からとらえた人材像であり、同時に企業経営そのものを考えることでもある。

(3) 過程2─営業戦略構築

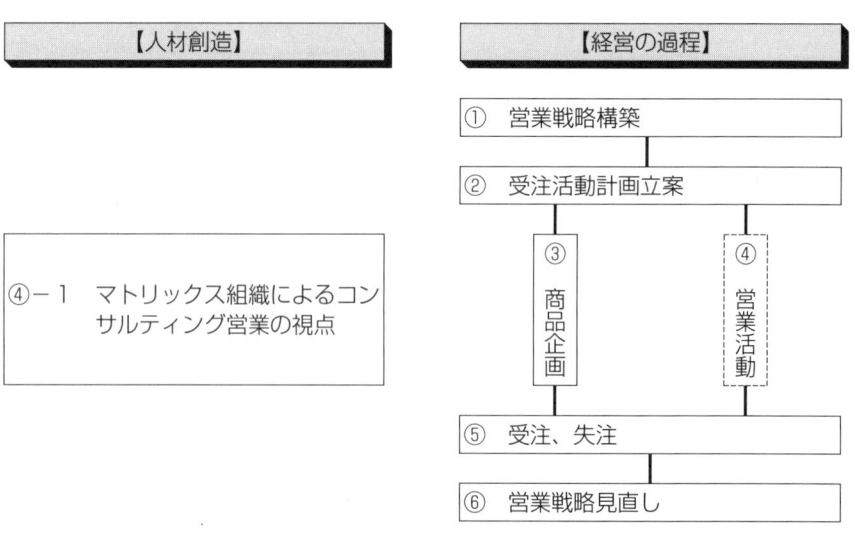

顧客満足を追求するということは、顧客が利益を確保するサービスを一緒に考え、提供するということである。つまり、顧客の業界の知識や、顧客が抱えている経営課題を理解し、将来像を踏まえた事業活動を支援するということである。

　したがって、まず自社の商品の定義を明確に設定し、サービスが可能な範囲を明らかにすることが先決である。

　次に顧客自身が現在抱えている問題を解決するためにはどのようなサポートが必要なのかを探り、それにマッチした企画や情報の提案・提供を行う、つまり「コンサルティングサービス」を展開するのである。

　例えば、旅館の建設を考えた場合、どのようにしたら宿泊客が泊まりたいと思うような旅館にできるかを考えるわけである。それには地域、ネームバリュー、風景、接客、建物、料理、風呂など多角的な面から企画を提案し、その企画に対して顧客が投資すれば成功である。

　この場合の決め手は、営業マンの知識、能力、企画力、そしてプレゼンテーション能力である。そのためには自己の力量を上げるための目標設定や他部門と連動したサポート目標の設定が必要になってくる。また、仮にサポート機能がない場合、自己で行うか、またはアウトソーシングといった方策も考える必要がある。その場合には彼らもまたチームの一員になることから、専門知識、能力取得のためのマニュアルや教育計画が必要になってくる。

　そして、これを速やかに進めていくためには、部門間の関係をよく理解し、論理的に活動を整理し、マトリックス組織維持のための文書・会話によるコミュニケーションがとれる、つまり全体を統制できる人材が必要になってくる。

　さらに活動と教育の成果を分析し、力量目標の達成度を検証する。こうしたプロセスの営業活動が顧客満足を追求し、企業の利益につながっていく。そして、そこには必ずそうした能力を持った人材が必要になってくる。

(4) 過程3 ― コストダウン戦略構築

技術開発の目的は生産性の向上であり、そのための課題の1つがコストダウンである。コストダウン戦略構築の必要性は多くの箇所で考えられるが、ここでは最も身近でかつ多くの建設企業の経営者が問題を抱えている「完成工事原価」に言及して解説する。

完成工事原価にかかわるコストダウンの中心は生産活動である。大きな流れとしては、現場からコストダウン情報が収集され、購買部門や技術開発部門へと展開されていく。しかし、実際には営業部門と工事部門が連動

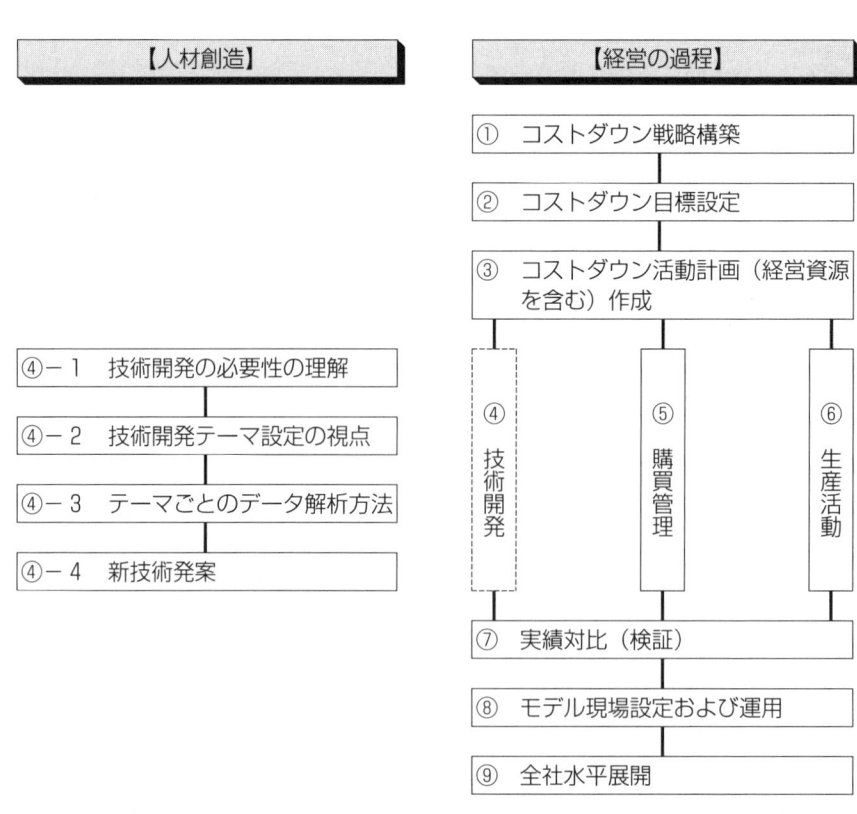

してこそコストダウンを成し遂げることができ、どちらか一方だけの取組みではその実現はあり得ない。コストダウン活動の1つとしての技術開発は、顧客ニーズを反映するという意味合いから営業活動の一環として位置づけられる。よって技術開発は、工事部門だけでなく全社の理解の基に戦略的視点から設定されて行うものである。

つまり、「人材創造」を進めるうえでの重要ポイントは、戦略的視点から見た技術開発への取組みである。新しい技術開発のための重要な手がかりとなる現場情報の収集と解析方法、そして、そのための知識などすべてを自分で考えて新しい技術開発を行い、その結果、企業力の底上げとコストダウンが可能になる。プロジェクトチームの導入などもその1つの例である。

当然のことながら、新しい技術開発を成し遂げるには多大な時間と労力を要する。それを実現化するためには、現場のデータを随所に反映させ、インプット・アウトプットを何度も繰り返し、モデル現場での運用後に、活用可・不可の検証を経たうえでなければならない。そうでなければ安全かつ商品価値のある技術開発にはなり得ない。

(5) 過程4―アクションプラン策定

(4)では技術開発を例にコストダウン戦略構築について解説したが、ここでは経営戦略策定レベル過程であるアクションプラン策定について述べることにする。

まず、企業の方向性から戦略課題を決定したそのプロセスと課題内容の分解を行う。ここでいう課題とは、あるべき姿と現状が著しくかけ離れている場合をいい、あるべき姿に近づけるための取組みが重要なのである。よって、この課題の発見・提起こそが新たな挑戦や改革には必要不可欠である。そして、課題内容の分解は以下の要領で実施することになる。

最初に、課題の持つ意義や課題設定の必要性など、その目的を明確にす

る。この目的は組織共通の拠り所となるため、社員全員が確実に理解しなければ改革は進まない。具体的には、経営者側が繰り返し説明し、一方的な情報提供にならないよう、目的を理解させるための公開の場所を設けることである。つまり、「目的達成のために自分は何ができるのか」を全社員が考える場と時間を提供するのである。

次に、目的に近づけるために具体的数値目標となる「定量的目標」と数値目標を達成するための「定性的目標」という2つの側面から目標を設定する。これを経営上の流れからみた場合、「人材創造」を進めるうえでの重要ポイントは、企業の目標をチームや個人単位まで反映させる、つまりは各個人が各自の目標を達成できるように、その能力を発揮することである。

実施例として、目標設定の境界線を確認し、そのうえでさらにプラスアルファを付加した場合、「これはできない」と回答がくる。そこで、「なぜできないのか、何が不足しているのか」を質問し、その回答を得ることによって、個人の現実的な力量の目標値を設定できる場合も多い。

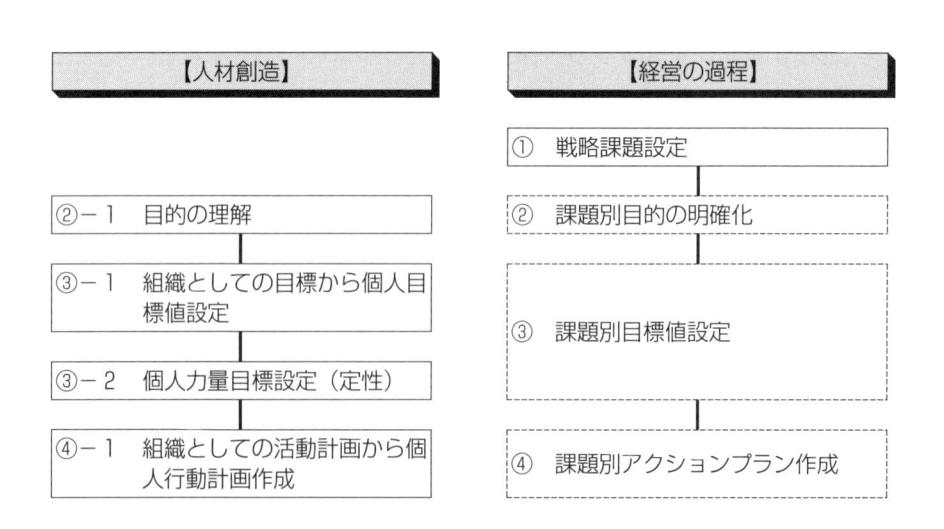

【人材創造】	【経営の過程】
	① 戦略課題設定
②-1 目的の理解	② 課題別目的の明確化
③-1 組織としての目標から個人目標値設定	③ 課題別目標値設定
③-2 個人力量目標設定(定性)	
④-1 組織としての活動計画から個人行動計画作成	④ 課題別アクションプラン作成

上記の例は新たな行動を起こしたくないという心理から「これはできない」という言葉になって現れたものである。しかし、ここで最も重要なのは、個人が力量の目標値を達成するために、活動しなければならない内容を活動計画に反映させ、それに沿って実行させることである。

(6)　過程5―業務の標準化

　ここで必要なのは、生産性指標の目標を設定したうえで業務の標準化を行うことである。

　例えば、通常10日かかる施工を3日短縮して7日で実施するという目標を設定したとする。この場合にまず必要なのは、個人もしくはチームの力量をどの程度アップしなければならないのかを明確にすることである。したがって、このように生産性をコントロールするためには日頃から個々の力量レベルを把握しておかなければならないということである。

　次に業務の遂行方法を統一すること、つまり標準化である。なぜならば

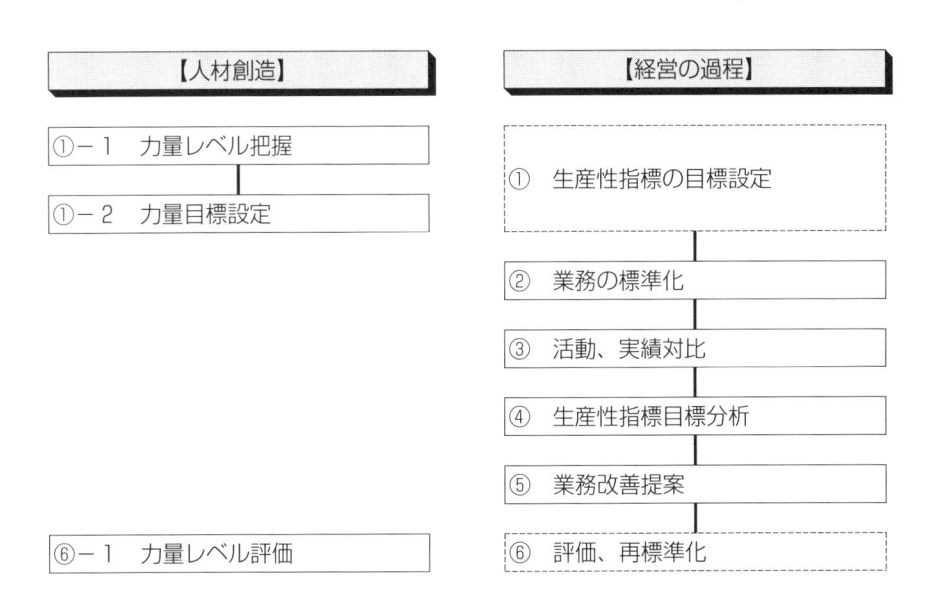

【人材創造】	【経営の過程】
①-1　力量レベル把握	①　生産性指標の目標設定
①-2　力量目標設定	
	②　業務の標準化
	③　活動、実績対比
	④　生産性指標目標分析
	⑤　業務改善提案
⑥-1　力量レベル評価	⑥　評価、再標準化

業務の遂行方法が、その成果に多大な影響を与えるからである。

しかし、建設業界の現状は、ほとんどといってよいほど効率性を重要視していない。それどころか、これまでの公共工事依存体質から必要性を感じていない場合が多く、習慣化されるまでにはまだまだ時間を要するだろう。

業務の標準化について最もわかりやすいのが、フローチャートとその内容を文書で説明した手順書である。また、業務の評価基準を公表することで個人の評価が明確になるとともに、個人のやる気、つまりインセンティブにつながっていく。

(7) **過程6―マネジメント**

マネジメントの過程は人材創造のすべてにかかわり、「マネジメント過程」を抜きにして人材創造はあり得ないだろう。

にもかかわらず、「マネジメントプロセス」といわれるPDCA管理サイクルが機能している建設企業は非常に少ない。それは、これまでの公共工

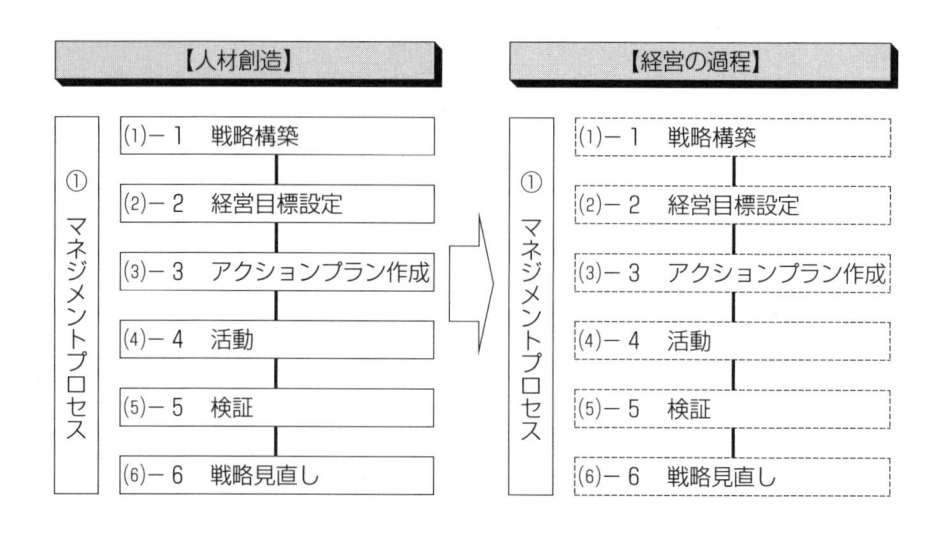

【人材創造】

① マネジメントプロセス
- (1)-1 戦略構築
- (2)-2 経営目標設定
- (3)-3 アクションプラン作成
- (4)-4 活動
- (5)-5 検証
- (6)-6 戦略見直し

⇒

【経営の過程】

① マネジメントプロセス
- (1)-1 戦略構築
- (2)-2 経営目標設定
- (3)-3 アクションプラン作成
- (4)-4 活動
- (5)-5 検証
- (6)-6 戦略見直し

事依存体質が浸透した建設企業の価値感には「自己の考えを基に計画立案し、実施し、その結果を振り返り分析する。そして、それまでの過程や結果を評価し、次の計画を立案し実施する」という思考が皆無だったからである。つまり、マネジメントそのものが理解できていないのである。

2 人材を変貌させるマネジメント能力

(1) マネジメント能力体系図

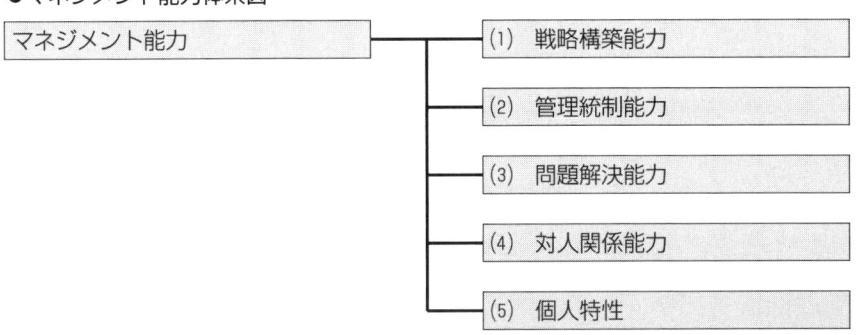

次に、マネジメント能力について体系図により整理してみたい。
マネジメント能力は、下図の(1)～(4)の4つの能力と(5)の個人特性で構成される。

●マネジメント能力体系図

```
マネジメント能力 ─┬─ (1) 戦略構築能力
                  ├─ (2) 管理統制能力
                  ├─ (3) 問題解決能力
                  ├─ (4) 対人関係能力
                  └─ (5) 個人特性
```

以下では、各能力等について、それぞれ説明していくことにする。
(1) 戦略構築能力：経営環境の変化をとらえながら企業の方向性を決定していく能力
(2) 管理統制能力：組織を統制して柔軟に動かす、いわば原動力となる能力

(3) 問題解決能力：現状とあるべき姿のギャップを抽出し、最適な方策を講じる能力
(4) 対人関係能力：組織を円滑に機能させる役目が大きく、組織風土の改革をはじめ、個人・組織にかかわる総合的アプローチ能力
(5) 個人特性：上記4つのマネジメント能力を駆使し、マネージャーとしてその任務を意識する能力

(2) **戦略構築能力**

　①マーケティング力、②将来の予測力、③仮説構築力、④リスク把握力、⑤意思決定力の5つで構成される。これは市場環境の変化やマクロ経済の動向と企業の現状、そして企業の将来を見比べながら自社の方向性を決定していく能力であって、決して公共工事の市場分配の法則に則ったものではない。

　典型的な「戦略的構築能力」不足としてよく見られる例としては、役員がマネージャーを兼務している場合である。このような場合、「自己努力しているにもかかわらず、現在の低迷した経営環境や企業環境が原因で成果を上げられない」といって、自己の責任を周囲に転嫁することが多い。

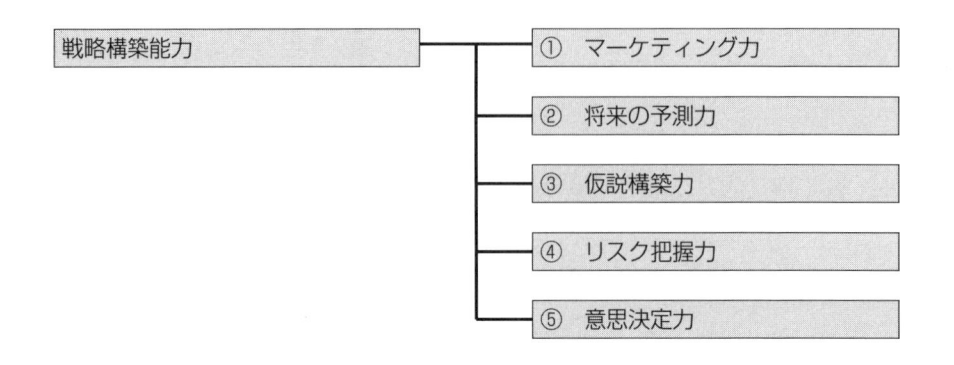

```
戦略構築能力 ─┬─ ① マーケティング力
              ├─ ② 将来の予測力
              ├─ ③ 仮説構築力
              ├─ ④ リスク把握力
              └─ ⑤ 意思決定力
```

このように役員を兼務しているマネージャーに「戦略的構築能力」が不足している場合、企業に与える弊害は多大である。その弊害の一例をあげてみる。「戦略的構築能力」不足の場合、営業社員は従来の営業活動を続けることになり、結果として成果は上がらない。従来の営業活動とは、顧客からの見積依頼への対応や、「ご用聞き」よろしくルートセールスになっている場合がほとんどで、顧客のニーズにも応えられていない。営業活動の成果が上げられなければ当然受注につながらないし、売上も上がらない。つまり、企業経営の礎である「受注確保」に影響を及ぼすのである。

　これだけではなくコストダウン、施工管理そのすべてにおいて戦略の構築は必要である。その能力不足が企業の存続に直結することになる。

　戦略を構築する際には、あらゆる状況や条件を考慮し、その後に発生する危険やコストアップを想定しながら最適解を探していく。そして、成功に至らなかった場合は、ペナルティ評価を下すなど、出た結果に対して必ずその責任を果たさせることが重要である。

(3) 管理統制能力

　①統制力、②人材の活用力、③リスクテーキング力、④計画・組織運営力、⑤イニシアティブの5つで構成される。組織を動かす原動力として、

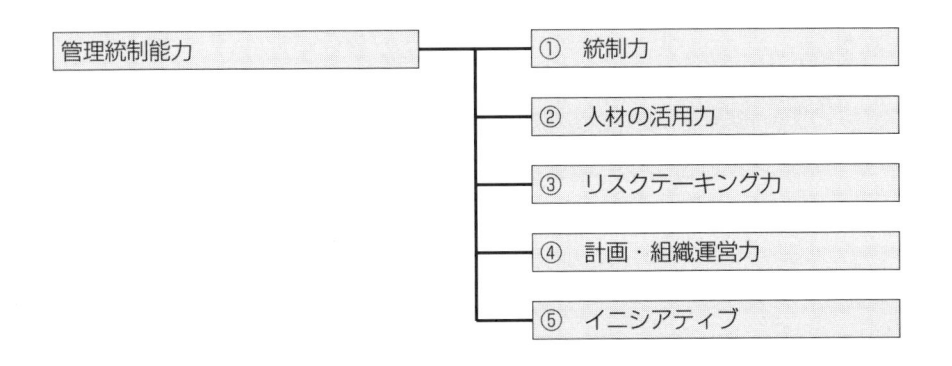

```
管理統制能力 ── ① 統制力
             ├─ ② 人材の活用力
             ├─ ③ リスクテーキング力
             ├─ ④ 計画・組織運営力
             └─ ⑤ イニシアティブ
```

部下の行動を統制し、リーダーシップを発揮させ、最大の実績・成果を得るために組織構成員を適材適所に配置し、最大限に活用しなければならない。また、それを実現するためには、過大なリスクを乗り越えられる精神力と、組織を活用したリスクとリターンを考えた計画的な取組みができることが重要である。

(4) 問題解決能力

①要点把握力、②情報分析力、③決断力、④創造力、⑤柔軟性、⑥文章表現力、⑦プレゼンテーション力の7つで構成される。これは、問題をあらゆる角度、すべての要因を視野に入れながら解決策を重点的に絞り込んでいく能力である。多角的な視野が必要とされるため、知識が豊富であることはもちろん、柔軟かつアイデアに富みバランスのとれた思考力や論理的な文章力、そして、わかりやすく説得力のあるプレゼンテーション力も求められる。

また、環境変化により自社の方向性が変わっても、正しい課題認識と原

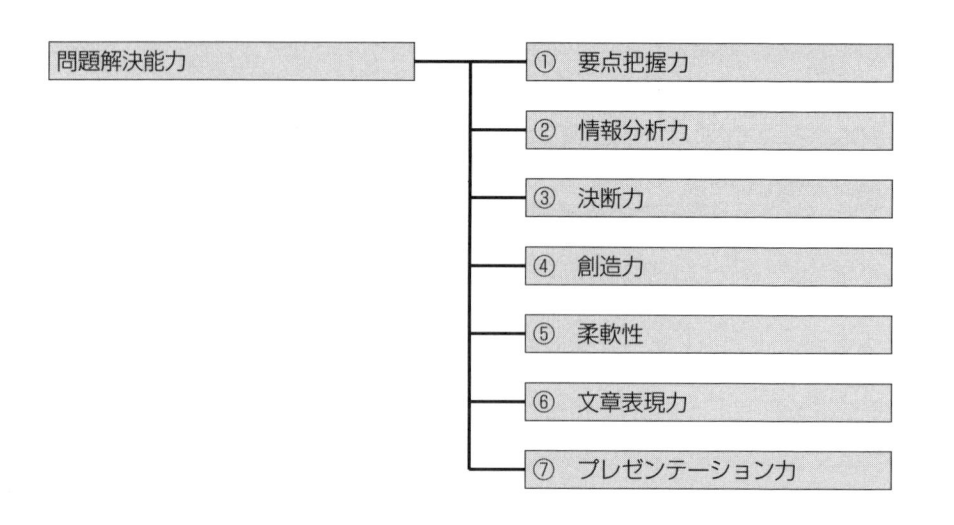

```
問題解決能力 ─┬─ ① 要点把握力
              ├─ ② 情報分析力
              ├─ ③ 決断力
              ├─ ④ 創造力
              ├─ ⑤ 柔軟性
              ├─ ⑥ 文章表現力
              └─ ⑦ プレゼンテーション力
```

因の特定、さらにはその分析ができることも重要である。

(5) 対人関係能力

①面談力、②状況判断対応力、③傾聴力、④交渉力、⑤部下育成力の5つで構成される。これは、あくまでも相手を主役にし、相手の向上心を促すことができる能力である。決して話の途中で腰を折ったりせず、最後まで相手の話を聞く姿勢を持たなければならない。目まぐるしく変化する経営環境の中でも、多くの企業課題に対する論点を見失わず、現実に即した最適解を導き出すことが重要である。

そして、これらの集大成として必要になってくるのが、部下を早期に企業戦力となる人材に育て上げる能力である。ただし、注意しなければならないのは、決して押しつけや強制ではなく、自分からこれら5つの能力すべてが必要だと思わせ、学ぶ姿勢を持たせることである。

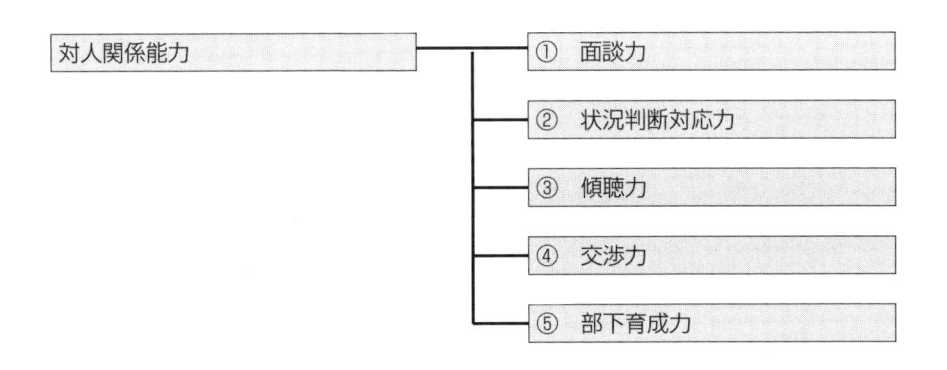

```
対人関係能力 ─┬─ ① 面談力
              ├─ ② 状況判断対応力
              ├─ ③ 傾聴力
              ├─ ④ 交渉力
              └─ ⑤ 部下育成力
```

(6) 個人特性

①自己開示力、②学習能力、③積極性、④執着性、⑤バイタリティ、⑥関心の幅、⑦ストレス耐性の7つで構成される。

まず、自分自身の考え方を明らかにし、それを相手に示す自己開示力が必要である。なぜなら、自分の心（考え）を開くことによって相手も心を開いてくれるからである。

次に学習能力も必要である。建設業界の知識だけでなく、他業界の知識、政治・経済・社会問題に至るまであらゆる情報に敏感になり、常に問題意識を持たなければならない。

そして、何事にも積極的で、すぐに諦めない執着性（探究心）を持つこと、さらに、組織内で発生する多くのトラブルに対して立ち向かえるバイタリティを持つこと、また、時として立ち向かわなければならないストレスにも耐えられる精神面の健康管理も重要である。

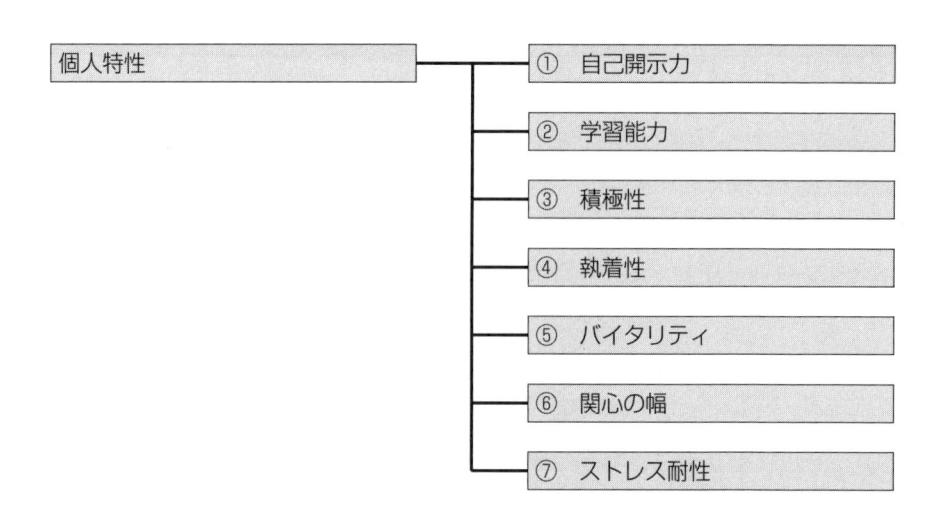

```
個人特性 ─┬─ ① 自己開示力
          ├─ ② 学習能力
          ├─ ③ 積極性
          ├─ ④ 執着性
          ├─ ⑤ バイタリティ
          ├─ ⑥ 関心の幅
          └─ ⑦ ストレス耐性
```

第3節 企業が求める「改革」できる人材

1 「改革」できる人材に対する投資の必要性

　時代が求める人材創造の必要性を考えた場合、その理由としては次の2つが考えられる。

　1つ目は、時代に沿った人材を育成していくためである。過去には戦後の復興を支えた人材、高度成長を支えてきた人材がいた。そして現在は、成熟した社会で多種多様な付加価値を追求する人材、さらに今後は、環境保護や生活の豊かさを追求する人材が必要とされるであろう。変化する時代の要請に沿った人材を育成することによって、未来への確実な一歩を踏み出すことができるのである。

　2つ目は、激変する環境変化の中で、現状から、また、企業存亡の危機という苦しみから抜け出すために、自社を「改革」できる人材を育成するためである。おそらく多くの経営者が、このままではいけないと思いつつも、変えることができずにいるのが現状であろう。例えば、新規事業を起こしたいと考えているが、現実には本業の不安定さに不安を覚え、結局手を出せずにいる。なぜなら、そこには当面の経営、資金繰りに追われ、企

業再生のための投資資金の調達ができないという厳しい現実があるからである。

つまり、現在および将来に向けた人材創造に対する長期的投資の必要性が十分にわかっていても、現実的には単年度、あるいは短期的投資しかできない。これが建設企業の経営の現状である。

こうした建設企業の経営状況だからこそ、本業や新規事業にかかわらず改革ができる人材が必要であり、そのような人材を育成するための投資が必要なのである。

改革を推進する人材は全員が経営者と同じレベルの思考を持ち、自己方針の立案と行動力を持ち、最後には成果を出すことができる人である。当然、ここで前提になるのは、経営者は自己の経営手腕に匹敵する人材を使って、事業を改革していけるということである。

そこで本節では、事業を改革できる人材を創るためにはどうしたらよいのかについてスポットを当ててみたい。

人材創造は企業にとって最重要課題であることを認識する必要がある。したがって、経営者自身が渦中に身を投じて決断を下さなければならず、決して経営幹部や担当部長に、その決断を委任することは許されない。

次表は、企業を改革できる人材を創るための骨子である。以下では各項目ごとに解説することにする。

●企業を改革できる人材を創るためには

１．前提
(1)　人材創造のあるべき姿の策定
(2)　改革環境の整備
①　人材創造に対する資金調達
②　情報インフラの整備
③　人事施策の見直し

> (3) 人材のピックアップ
> (4) プロジェクト体制の構築
> (5) ホットラインの設置
> 2．モデル活動
> (1) 改革アクションプランの策定
> (2) 活動、監視、成果およびプロセスの確認
> (3) ホットラインの検証
> (4) 事業モデルの標準化
> 3．全社水平展開
> (1) 説明会、勉強会の定期開催
> (2) 定期的な人材の評価

2 前提

(1) 人材創造のあるべき姿の策定

　まず、企業の基本戦略の1つ、自社独自の「人材創造のあるべき姿」を明らかにし、文書で策定する必要がある。

　人材創造の意味については、すでに第1節で解説しているためにここでは割愛するが、建設企業の人材のあるべき姿とは、単に道路や建物等をつくるだけの人材像を目指しているのではないということを再度述べておきたい。

　そもそも企業は、顧客のニーズを具現化するサービスによって顧客満足を追求して社会に貢献し、企業自身もその進化を求めている。

　そして、その企業も「人材」という個の集合体であることから、まず、個々の人材の進化を追求する必要がある。そして、そこには当然、人材のあるべき姿がなければならない。

さらに建設業は、その名のとおり地域住民と深くかかわりを持つ地域経済に貢献するサービスを提供することができる。だからこそ、建設業にとっては地域づくりに携わることも、また人材創造の要素の1つでもあるといえよう。

(2) 改革環境の整備

　整備する改革環境としては、以下の3つがあげられる。

1　人材創造に対する資金調達

　資産価値の下がった不動産等でも売却益が見込まれるのであれば、処分して、人材創造に対して資金に回すことである。仮にそうした形で資金調達ができない場合は、人件費を削減してでも資金を念出するくらいの決断力を持って、将来への投資に臨んでほしい。なぜなら、人づくりに投資ができないということは、企業経営の継続を断念したということになるからである。

2　情報インフラの整備

　パソコン等のハードウエアを設置するだけではなく、社内ネットワークで情報の共有化を図れる環境を構築することである。その情報を活用して業務の効率化につながるよう整備することも重要である。しかし、設備に投資したからといって決してインフラが整備されたということにはならない。情報システムを改革するということは、業務のあり方を変えることから始めることである。今後、どんなにパソコンやソフトウエアが充実しても、それを活用する人のレベルが同時にアップしていかなければ機能しない。

3　人事施策の見直し

　どんなに人事制度を整備しても、人事施策がなければ機能しない。その人事施策の考え方には次の6つのポイントをあげることができる。

　　①　なぜ人材を雇用するのか。

② どのような人材配置をするのか。
③ アウトソーシングすべき機能と付加価値を上げようとすべき機能をどのように位置づけるのか。
④ 企業が求める人材に近づけるにはどのような取組みが必要なのか。
⑤ どのような評価基準になっているのか。
⑥ 目標を達成した場合、どのような形でその評価につなげるのか。

こうしてみると、最終的には賃金制度改革に手をつけることになるかもしれないが、それはあくまでも人事施策があることが条件となる。仮にどのような改革を実施しても評価につながらなければ、当然のことながら向上心ややる気は失せ、成果は見込めない。社員を奮い立たせるのは、目標への達成感と、そしてその労働に対する報酬である。

(3) 人材のピックアップ

すべての社員を同時にレベルアップさせるには、多大な労力とコストがかかるので、企業が求めている人材像を理解できているか否かを１つの判断基準とし、人材をピックアップすることが重要となる。仮に年齢・技術的ギャップがあっても、企業が求めている人材像を理解している人材であれば、是非とも幹部候補生にし、改革のメンバーとしたいものである。企業の将来を考えた場合、あえていうなら、業務経験年数や技術の高低などは取るに足らないことなのである。要は、企業が継続することの意義を理解していることが大事で、どのような人材を改革のメンバーとしてピックアップするかである。

そして、ピックアップした理由を全社員に対して明らかにしなければならない。その理由を明らかにすることで、妬みなどで社員間の人間関係に壁をつくらずにすむからである。なぜなら、妬みなどによる社員間の人間関係の悪化が、後に改革を進めるうえでの大きな壁となって立ちはだかるからである。

第3節 企業が求めている「改革」できる人材　31

(4) プロジェクト体制の構築

　改革のためのプロジェクトは、経営者をトップとする取組みであることが必須である。なぜなら、"トップ"の条件は、企業の資金繰り、つまり経営状態を把握していることだからである。
　さらに、プロジェクト体制に重要なのは、メンバー自身のスケジュール管理と、プロジェクトと日常業務の指示命令系統の調整およびその管理である。それは、プロジェクトが他部門間によるメンバー構成のため、どうしても問題が発生しがちなプロジェクト組織の指示命令系統を一本化するためである。

(5) ホットラインの設置

　ホットラインとは、プロジェクトメンバーの誰でもが経営者と話ができるラインのことで、直属の上司や経営幹部を通り越して、直接経営者と直談判できるということでもある。それがゆえに、取り組む姿勢も真剣にならざるを得ない。しかし、その話の内容は機密にするのではなく、常にオープンにすることが重要である。
　このホットラインのよいところは、悩んだらすぐに経営者と話ができることで、意思決定も早いだけではなく、経営者が現場の動きをリアルタイムで把握できることにある。
　ただし、経営者が忙しく、プロジェクトメンバーとの間でほとんどコンタクトがとれないのでは、ホットラインを設置した意味がない。その場合には、携帯電話やメール等を使ってでもリアルタイムで交信可能な状態を構築することも必要になってくる。

3 モデル活動

(1) 改革アクションプランの策定

　まず、その企業で代表される受注物件をピックアップしながら、活動計画の実施を前提に、企業の方向性や基本戦略に基づいて改革アクションプランを策定する。その後、徐々に企業の受注物件のすべてに対してアクションプランを策定していく。

　人材創造は実際の活動を通じて、企業の成果を出しながら実現させていくものである。そのため活動計画とそれに対する責任ある行動を持たせ、あいまいな責任逃れを排除するためにも、活動計画は詳細なプランニングを必要とする。そして、そのプランニングは、具体的・客観的に評価できる５Ｗ１Ｈで作成することが必須である。

(2) 活動、監視、成果およびプロセスの確認

　活動は計画に基づいて実施する。その結果、必ず監視しなければならないのが計画と実績との対比である。計画どおりに活動することが最も重要であり、変更を余儀なくされた場合は、その原因を追及することである。決定したことを勝手に変更したり、できない言いわけを許さない厳しさも必要である。

　また、目標達成度合いや計画どおりに活動したかどうかをできるだけ指数化して、データベース化することで、事実に基づいた評価ができる。

(3) ホットラインの検証

　経営者は報告の場を必ず設定して報告を受けるとともに、不明点については妥協せずに追及することである。特に、改革を推進するうえで重要に

なるポイントの不明点については必ず追及しクリアーにしていかなければならない。問題点となる懸案事項はたとえそれが方向性が決まらない場合でも、残さず、各自の宿題として必ず処理することである。プロジェクトメンバーの独自性を尊重しながらも、問題点については真の原因を掘り出すまで実施し、決して中途半端な対応はしないことである。

　ホットラインの検証で重要なのは、言いわけを言わせないこと、問題点の原因をつぶすまで継続することである。

(4) 事業モデルの標準化

　最後はホットラインの検証など結果およびプロセス評価を基にシステム化を図り標準化することである。システムの見直しを繰り返し行い、バージョンアップしていく必要がある。最終的なねらいは、代表される受注物件の拡大にあるため、標準化したシステムを固定化させないよう、臨機応変に対応することである。

　例えば、モデル現場数が少なくても、標準化し、他の現場に水平展開を図ることも必要である。いかに社員をその気にさせ、実行に移させるか、改革にとって重要なのは、そのスピードである。

4 全社水平展開

(1) 説明会、勉強会の定期開催

　全社水平展開を行うためには、まず、標準化した事業モデルを組織的な成果を得て定着化させなければならない。そして、全社員に対して説明会を実施し、その浸透を図ることである。

　その後、小グループで勉強会を実施しながら細部を理解させ、その活動を行う必要がある。こうした活動を行っていくうえで様々な問題が発生す

るが、それは、水平展開していく過程で対処されていく。よって勉強会や説明会は繰り返し行い、その活動をすることで成果が上がり、その意味を持つことになる。

(2) 定期的な人材の評価

中心的役割を担うのはプロジェクトメンバーである。その活動内容は幅広く、説明会や勉強会でのプレゼンテーション、活動内容の監視、成果の確認に至る情報管理までを行うことになる。これについても、やはりホットラインを通じて検証し、個々のメンバーの評価を行う。

評価するには人材創造のあるべき姿という客観的基準が必要である。なぜなら、その評価は、ある一定の基準に基づいて行い、その基準と評価について説明できるものでなければならないからである。

第2章

企業の人事育成の実態

- ●企業の人材育成の実態
- ●企業に与える人材の影響

第1節 企業の人材育成の実態

1 企業存続のための人材育成

(1) 環境変化に対応できる人材育成

　そもそも企業は、なぜ人材育成を行うのであろうか。企業は求める社員の能力レベルを明らかにし、その能力に応じた社員を採用し、報酬を支払う。そうであれば、社員は知識の習得、能力向上は自己が行うべきで、企業が実施する必要はなく、外部機関の研修を受講するなどすればよいことになるのではないだろうか。

　しかし、これまで建設業界では、企業内部での人材育成があたりまえのこととされてきた。言い換えれば、企業は人材に忠誠を期待することはあっても、育成をする等、投資の対象としては考えていなかったということでもある。

　企業がなぜ人材育成を行うのかといえば、それは企業存続のためである。厳しく激しい経営環境の変化に対応するには、経営者も含めすべての社員の能力の底上げが常に必要である。特に経営者・経営幹部の戦略的視点や、

担当者のマネジメント力などを磨くことは最優先課題である。

さらに企業は、全社員一丸となった組織運営が必要であり、そのためには戦略から実際の活動まで、整合性を持たせた経営を行わなければならない。しかも「変化への対応」がいち早く行われることによって、企業の将来を見通すことができる。だからこそ、その変化に対応できる人材の育成に、企業の命運がかかっていることを意識すべきである。

ところが、経営者はもちろん、建設業に従事しているその多くは、現場の仕事を通じて「経験を積む」ことが重要で、新たな取組みは考えていない。例えば、外部機関の研修等に参加させたところで、情報の収集か意識づけくらいにしかとらえていない。ところが、技術的なことは別にしても、マネジメントの知識習得や能力向上は、経験だけでは培われず、専門的教育や実践を通したシミュレーション訓練が必要である。それが経営に直接つながる重要な「教育の場」であると同時に、成果を出すための手段でもある。

今、企業は常に変化する外部環境に対応できなければ、企業存続は望めない。だからこそ経営レベルで考えることができる力が必要とされてきているのである。そこで以下では、企業の人材育成の実態をつかむことによって、経営とのつながりを検証していくことにする。

まず、人材育成の実態を3つの角度から整理してみる。

(2) 人材育成の3つの視点

1つ目は、教育を受ける側の実態であり、一般的に若手が該当する。しかし、本来は中堅であろうがベテランであろうが、企業が期待する能力を習得していなければ該当すると考えてよい。当然、経営幹部も例外ではない。

2つ目は、教育を実施する側の実態である。これまで、ほとんどといってよいほど目を向けられなかった側面である。それはとりもなおさず、指

導力の良し悪しが評価されなかったということにほかならない。今後、教育を実施する側のレベルが、企業の成果に多大な影響を及ぼすと考えられるため、付属的な業務意識としてとらえた教育を実施するような風潮にならないようにしなければならない。

　3つ目は、教育の効果を評価する側の実態である。教育が知識習得や能力向上につながったのか、または企業の成果につながったのかをきちんと評価できなくては、せっかく実施しても社員のインセンティブにつながらない。さらに、知識習得や能力向上が企業にとって真に成果に連動しているのかがわからないのでは重大な問題となる。したがって、教育の効果を評価することは非常に重要である。特にこの部分は実態を把握するうえでわかりにくいところがあるため、建設業に携わる読者の方々にはじっくり考えていただきたい。

　著者の指導実績に基づいて様々な実態を抽出したものが下表である。これは著者が、それぞれの該当する立場の方に対して「人材育成が進まない実態」について質問形式で問いかけたものである。以下では、その質問内容に基づいて、その理由と改善の手立てを考えてみたい。

● 人材育成が進まない実態（質問形式）

	Q	内　容
教育を受ける側	1	なぜ、自己能力向上の手段として現場経験に頼ろうとするのか
	2	なぜ、わからないことを先輩や上司に聞こうとしないのか
	3	なぜ、指示されたことや伝達事項に対して、メモを取らないのか
	4	なぜ、「自分ノート」を作成し、経験したことや勉強したことを整理しないのか
	5	なぜ若手は、企業が資格取得を支援することが当然だと思っているのか

教育を実施する側	1	なぜ、予備知識を習得させずに現場に出すのか
	2	なぜ、若手教育の取得内容が明確になっていないのか
	3	なぜ、現場経験の豊富さを基準に指導者にするのか
	4	なぜ、教育計画を立てながらそれが実践（活動）できないのか
	5	なぜ、教育の中心が外部機関の研修会への参加になっているのか
教育の効果を評価する側	1	なぜ、教育の効果と昇給昇格、給与や賞与等の個人評価が連動していないのか
	2	なぜ、主観的判断によって教育の効果が評価されても反論しないのか
	3	なぜ、指導する側は評価されないのか
	4	なぜ、知識習得や能力向上が企業の将来を変革する「やる気」につながらないのか
	5	なぜ、教育を受ける対象は「若手」に限られるのか

2 教育を受ける側

Q-1 なぜ、自己能力向上の手段として現場経験に頼ろうとするのか

　若手の言い分を聞くと次のような答えが返ってくる。
G君：「何を勉強すればよいのか反対に教えてほしい。それに学校を卒業したのに、また勉強するのか？　仕事をさせてほしい」
K君：「先輩から現場へ行って仕事は覚えるものだといわれている。それに本に書いてあることは読んでもよくわからない」
E君：「先輩に早く追いつきたいから、まず現場での仕事を覚えたい」
　まず、この3人に共通していることは、現場、いわゆるフィールドに出たいという意識が、かなり強いということである。その理由は、一般的に

建設業では、現場で仕事ができてはじめて一人前だという評価基準があるからである。

　さらに、K君は「本を読んでもよくわからない」と言っている。施工事例集、要領書、社会人マナー集などの本を使用したOff JT研修を実施していれば、効果的に知識を習得させることができるはずであるが、一体これはどういうことなのか。そこで先輩に聞いたところ「どうしても自己の業務遂行を最優先するあまり教育は後回しにしてしまう」という。このように教育は指導者の時間をも拘束することになるため、企業はこのようなことに考慮し、対処する必要がある。

　そしてE君は、先輩に早く追いつきたいという願望を持っている。かなり仕事に対する意識が高く、少しでも現場では任された仕事に就きたいと考えている。このようなタイプには、現場での疑問点やつまずきを、別の機会でサポートしてやると、伸びるタイプである。いずれにしても、若手の気持ちはよくわかるし、それをかなえてあげたいと思う。しかし、単に現場に出ているだけでは成果につながることは少なく、その時間も必要となる。

　そこでこのような場合は、現場という「場」を上手に利用しながら、教育する手立てを考えることが必要であろう。

● 現場経験を優先する理由
【社員】
■ 早く現場で一人前として仕事を遂行でき、上位者に認められたいという思いがあるため。

【経営者】
■ 机上でいくら勉強しても、現場で経験しない限り企業が求める成果は得られないと思っているため。

● 脱却する手だて
【経営者】

第1節　企業の人材育成の実態　43

■知識習得や能力向上のための教育を、現場だけではなく集合教育や自己開発などと併用しながら行うことをシステム化し、教育環境を整備していく。

Q−2　なぜ、わからないことを先輩や上司に聞こうとしないのか

わからないことがあれば人に聞くのはあたりまえのことであるが、なぜそれができないのか。以下が若手の言い分である。

A君：「先輩の上から見下ろす態度をみると、わからないことや不安に思うことも、つい聞くのをやめてしまう」

O君：「先輩は忙しく動き回っていて、全然相手にしてくれない。聞かれるのをうっとうしいと思っているようなので、聞くのがためらわれる」

S君：「わからないことを聞くと、『お前そんなこともわからないのか』と言われる。いつもあとで聞かなければよかったと思い、気分が落ち込んでしまう」

この言い分だけを聞いていると、すべて先輩や上司が悪いようであるが、果たしてそうだろうか。次に先輩の言い分を聞いてみた。

I先輩：「わからないことがあったら何でも聞けと言っているが全然聞きにこない。時折、わかっているのかどうかを質問しても答えが返ってこない。これでは話にならない」

E先輩：「施工マニュアルや過去の施工事例を渡してあるが、なしのつぶて。聞きにこないことにはこちらも教えようがない」

Y上司：「毎週金曜日の夕方の反省会でトラブルや疑問点を確認しているが、自分からは話そうとしない。何がトラブルなのかがわからないのかもしれない」

このように双方の話を聞いてみると、どちらの言い分も一理ある。では、どこに原因があるのだろうか。

3人の若手に共通しているのは「学校で先生が教えてくれる」という、これまで常に与えられてきた受け身の姿勢である。自分からすすんで学習するという教育環境ではなかったことも一因であるが、それ以上にまわりのサポートも欠かせない。結果、積極性や自主性に乏しくなり、聞くまで答えない、自分の意見を持てないといった状況に至るのである。
　したがって、先輩や上司から与える教育を続けていると、与えている間はよいが、それをやめたとき、自己学習も同時にやめることになる。その結果、聞かないまま自己判断で行動してしまうことになる。
　では、いずれの先輩や上司も「若手から聞いてほしいのに、まったく聞いてこないことが原因だ」と考えているが、先輩や上司の側に原因はないのだろうか。先輩や上司の側からすれば、自己経験を尺度として判断し、自分たちのときは先輩は何も教えてくれなかった、そのため現場で体験して覚えるものだと結論づけてしまう。そして、それ以前に、なぜ教える必要があるのかと疑問視している人も少なくない。
　現在の建設業界の課題の1つに、業界の人離れに歯どめをかけ、魅力ある建設業界づくりがある。そのためには、まず現場経験を十分に積めば一人前になるという考え方を変えることである。日々環境が激変する現代においては、絶えず新たな知識を習得し、能力を向上させることが必要である。そして、それは現場と並行して新たな知識を学習することによってスキルアップできる。それに伴って昇給もするし、仕事も楽になり、ひいては社会に貢献できるすばらしい産業であると認識させることである。
　したがって、これまでの率先垂範型の育て方や、現場に出すだけの一方的な現場主義に原因があるといえよう。まず、この原因を認識することからはじめ、そのうえで教えるという機能を業務の一貫として組み入れることが必要である。現場の忙しさを隠れ蓑に、育成を放棄してはならない。「繁忙だから」という言いわけをせずに、若手、指導者双方に対する統制ができるかどうか、企業自身の考え方が問われることになる。

●聞くべき上位者に聞かない理由
【若手社員】
■主体的に行動する能力が養われていないため。
■上位者と価値観が違うと考え、相談したいとは思っていないため。
●脱却する手だて
【経営者】
■知識の習得、能力を向上させる以前に、道徳観や倫理観などの人間性を重視した教育や、社会人としてのビジネスマナー教育を実施する。そのうえで、わからない場合には上位者へ聞くという行為そのものの重要性や聞き方なども含めた基本教育を徹底する。
■日頃から上位者に若手を観察させ、悩んでいると思ったときは上位者から声をかけるなど、若手が先に進めるサポート体制をつくる。

Q-3 なぜ、指示されたことや伝達事項に対して、メモを取らないのか

　会議や勉強会の内容を文章化できない人も少なくない。後で、目的は何か、課題は何か、質疑応答はどうだったか、さらには指示事項、配付された資料など会議の内容を確認しても要領を得ない場合がある。
　メモや記録に残していなければ忘れて当然だが、逆にこうした現状をみると忘れてもそれほど問題にはならないということでもある。仮にそうだとすれば、会議自体の必要性が問われる。そこで実際に会議出席者の意見を聞いてみると、次のような答えが返ってくる。
U君：「目標を設定する会議は業務確認のための会議だから渡された資料で十分だ」
H君：「勉強会といっても、資料を読み、先輩の経験談を聞くだけ。何を記録すればよいのかわからない」

R君：「当社は工程会議の後で部長の説明があるが、メモを取れとは言われない。それ以前に言っていることがよくわからない」

　U君は、先輩の資料で確認するだけだと言っているが、補足説明事項やその他の大切な説明もなされているはずだ。同様にH君も、先輩の経験談の中に具体事例が入っているにもかかわらず記録しようとはしない。何を記録すればよいのかわからないとさじを投げているが、実は記録の仕方がわからないのではなく、何が重要なのかがわからず、記録すべき内容が把握できていないのだ。

　ただし、R君の場合は別で、部長側に問題がある。説明するということは、その内容を相手に理解させるということである。一方的に話すだけではその意味を持たない。

　いずれにしても、メモや記録をとらないことが習慣化され、いわば組織風土になっていることが大きな原因といえよう。こうした「組織風土」に強制力はないが、その企業の強固なルールとして常識化している場合がほとんどであるため、その企業自身の問題としてとらえる必要がある。

　また、コミュニケーションのとり方にも原因がある。会議が単なる確認作業になっていたり、一方的な伝達では相互の意思疎通がはかれないのは当然のことだ。

　この2つの原因は、指示された内容を確実に文章化するうえで弊害となるものである。

　前者の原因の場合、メモを取らないことが当然のこととなり、誰も注意しなければ疑問にさえ思わなくなる。組織風土化したものは、世間一般には通用しないことでも、その組織のルールとなる。こうした組織風土に歯止めをかけるには、その風土に染まっていない人材に権限を持たせて統制していくことである。

　後者の原因の場合は、「言っていることがよくわからない」とあるように、部長が相手に理解させようとしない一方で、理解できていないにもかかわらず、それをフィードバックしない、つまり相方のコミュニケーショ

第1節　企業の人材育成の実態　47

ンが不足しているということである。しかし、こうした例は少なくなく、自分だけはコミュニケーションがとれていると思っている場合が多い。一例をあげれば、日常会話は問題なく、それどころか良好だという人に限って人前でのプレゼンテーションができないものだ。それはまず、ストーリーが組み立てられないからである。目的、結論、要点がきちんとまとめられていないため、話にも一貫性がなくなる。結局、聞く側にとっても何を言わんとしているのか、まったくわからないため、要点を整理することができない。

●メモが取れない、取らない理由
【若手社員】
■メモを取らないことが習慣化した組織風土の中で育成され、上位者の意識も薄く注意をしないため。
■コミュニケーションをとること自体が、確認や一方的な伝達になっているため。

●脱却する手だて
【経営者】
■上位者が事前に習得すべき内容を文書で渡し、現場や自己学習の場を通して知り得たことをメモさせるなど具体的な指示を出し、定期的に確認できる体制を構築する。

Q-4 なぜ、「自分ノート」を作成し、経験したことや勉強したことを整理しないのか

新人の社会人であれば、新しく経験したことや勉強したことを自分ノートに整理するのはあたりまえである。特に仕事を早期に覚えるためには、この自分ノートづくりは欠かせない。ごく簡単なことであるが、果たしてそれができているのだろうか。

自分ノートは記録を取るだけでなく、断片的な出来事もわかりやすく整

理することができる。つまり思考回路をすっきりさせる手段でもあるが、なぜ若手が自分ノートを活用しないのか、その原因を探ることにする。

そこで、若手に聞いてみたところ次のような答えが返ってきた。

Y君：「とにかく面倒くさい。自分の頭で考えることは嫌いだし文字はほとんど書かない。身体で覚えていくほうが身につくと思う」

Q君：「自分ノートをつけろとは先輩から言われていない。言われていないことをやる必要はないと思う」

O君：「手帳にはメモするようにしているが、どのようにまとめるのかわからないため、後でまとめることはしない」

まず、3人とも自分ノートの意義を理解していない。Y君は書くということに慣れていない。Q君は、まだ学生気分が抜けていない。与えられないと何もできない、自分で考えようとしないタイプだ。O君は、必要性は理解しているようだ。しかし、せっかくメモしてもグループ分けや識別など、その整理の仕方がわからないために活用されていない。

普通の勉強でも、復習がいかに重要であるかは理解しているだろう。であれば再確認することはもちろん、次回に同様な行動をする場合のノウハウの1つとしても整理が必要になる。整理するということは、内容を時系列で追いかけ、同じ内容でグループ分けし、業務項目別に内容を整えるなど、自分の知識としてストックしていくものである。この数が増えるほど会話のネタがそろうということになる。

また、こうした若手に対して、先輩や上司も書くことを要求していないのも問題である。彼らの知識や能力を伸ばそうとするならば、わからないことは何なのか、現場で経験した事実に従って文書で報告させる必要がある。ぜひ自分ノートを活用し、自己に厳しい若手を育ててほしいものである。

● 自分ノートを作成しない理由
【若手社員】
■ 自分ノートが知識を習得するためになぜ必要なのか、その意義を理解

していないため。
■上位者から指示されないとやらない受け身の姿勢であるため。

●脱却する手だて
【経営者】
■これまでの経験や情報を次のステップや現場で応用できるようにするために、上位者に、識別やファイリング、加工分析の方法を具体的な事例で教育させる。
■上位者に自分ノートを通じてコミュニケーションをとらせ、定期的に内容をチェックさせる。

Q-5 なぜ若手は、企業が資格取得を支援することが当然だと思っているのか

　本来、企業における教育は、Off JT や OJT、自己啓発等の技法を通じて継続的に実施されることが理想である。しかし、多くの企業では資格取得のためのプロセスとなっているのが現実だ。ただ、資格取得のためならば、その資格を取得すると同時に学習はストップし、本来の教育からは外れてしまう。

　例えば、経営事項審査の評価基準の1つとして企業の目標上必要であったり、営業上必要であったりと、すべて企業側の意向によるものである。これでは社員の能力向上を真に考えての教育とはいいがたい。

　そこで次に資格取得する側の声を拾いあげてみたい。
C君:「資格取得は、時期が来れば講習会への手配や書類等の手続きを企業で準備してくれる」
O君:「取得費用や祝い金、取得後は月々の手当てが支給される。これがなかったら自分では取得しようとは思わない」
K君:「企業で早く取ってくれと言われたから取得するだけで、試験は受けるが勉強はしたくない」

C君とO君の待遇はかなりよい。また、K君は、試験を受けるように指示されるから受けるという。
　企業の経営幹部にも若手の資格取得の支援について聞いてみた。すると、ある一定条件はつくものの、資格取得するにあたって、企業がその支援をするのがあたりまえになっている。つまり、企業の意向に沿って資格取得するということである。
　しかし本来、社員の能力向上とは資格取得や経営事項審査のためにあるのではない。将来の企業づくりのために社員の能力向上が必要なのだ。であれば、資格取得以外にその方法があるはずだ。そして、そろそろこの支援制度は見直す時期にきている。当事者が払うべき費用であるのはもちろんだが、こうした資格取得以外に本来習得しなければならない顧客折衝力や企画立案能力等がたくさんある。むしろ、そちらに目を向けるべきである。

● 資格取得のサポートが当然と思っている理由
【社員】
　◤企業の意向、業務の一環として理解しているため。
【経営者】
　◤企業の資格取得費用の負担は当然と理解しているため。
● 脱却する手だて
【社員】
　◤資格取得は自己能力向上のためであることを理解する。
【経営者】
　◤社員に対し、資格取得は仕事をするうえで必要なものであることを伝え、報酬と資格取得の関係をシステム化し提示する。

3 教育を実施する側

Q-1 なぜ、予備知識を習得させずに現場に出すのか

まず、実際に教育を実施する側、つまり直接指導する先輩や上司の意見を聞いてみよう。

K先輩：「自分自身が忙しい中で、勉強会等はとてもできない。本来であれば基礎知識を与えたいが、実情は現場に置いておくだけでも大変な状態だ。下請業者の中で作業させているのが現状」

A先輩：「何もわからないのに現場に行かせてもらえるだけでもよいと思う。何事も経験、基本もそのうち覚える」

Z先輩：「基礎は学校で学んできていると思っている。ただ、具体的なことがまったくわかっていないから現場で一から覚えさせる」

次に、企業側はどう考えているのか。経営幹部および部門長に聞いてみよう。

P幹部：「教える側には負担だが、若手の面倒は現場でみてほしい。1、2年は使い物にはならないが、それでも仕方がないと思っている」

F部長：「部門配属の前にマナーや基礎教育を人事部で実施してほしい。入社と同時に部門に配属される以上、すべての面倒をみるためには現場に連れて行くしかないのが現状だ」

T幹部：「教育は現場でなければできない。身体で覚えるのが一番だと思う」

K先輩は、事前の基礎知識習得の必要性を感じてはいるが、自分の仕事の繁忙さを理由に実施していない。また、A先輩やZ先輩は、現場で覚えるものだと信じて疑っていない。

また、直接指導する先輩や上司の側からみると、自己の立場に言及して

いないのは、指導者の職務範囲があいまいになっているためと考えられる。そのことは、若手の育成は自分の職務ではないという意識や、現場の繁忙さを理由に実施していないことに表れている。

現場に出るために必要な基礎的な知識や社会人としてのマナーなど、なぜ企業は事前教育を重視しないのかと疑問に思う経営幹部や部門長も、実際、自分がその当事者となった場合には実施できないのが実情である。

そして企業側の多くは、P幹部やT幹部のように、やはり現場で基礎から習得すべきと考えている。しかし、F部長のように、入社時に企業が考えるべきだという意見も少なくない。

つまり、多くの幹部は採用と同時に部門に配属させ、現場の仕事を通じて一人前に育ってほしいと考えている。したがって、基礎的な知識等は現場で習得させるという認識が強い。

人材育成は全社的な取組みであるにもかかわらず、部門配属に任せているのは問題である。したがって、企業の経営機能の1つとしてとらえ、経営幹部自身が指揮をとり、実施すべきことでもある。

●事前の知職なしに現場へ出す理由
【社員】
　■事前の基礎知識習得の必要性を感じず、現場に出ることが最善の策と考えているため。
【経営者】
　■新規採用者に対する教育システムを確立していないため。
●脱却する手だて
【経営者】
　■人づくりの根本的考え方を見直す。
　■階層ごとの知識・能力レベルの設定と、習得するための教育内容を明らかにする。

Q-2　なぜ、若手教育の習得内容が明確になっていないのか

　若手の教育に限らず、1年間の教育計画を立案する企業が増えている。ISO9001認証取得企業では要求事項の1つでもあるため、多くの企業で作成しているが、ほとんど形式的なものとなっている。なぜならば、教育を実施するための計画ではなく、要求事項を満たすために作成することが目的になっているからである。本来、その力量の程度を明確にすることも含まれているが、Q-1の「なぜ、予備知識を習得させずに現場に出すのか」と同様に、その範囲はあいまいになっている。

　そこで、教育計画作成までの流れを整理しながら、欠落している点を明確にしてみたい。

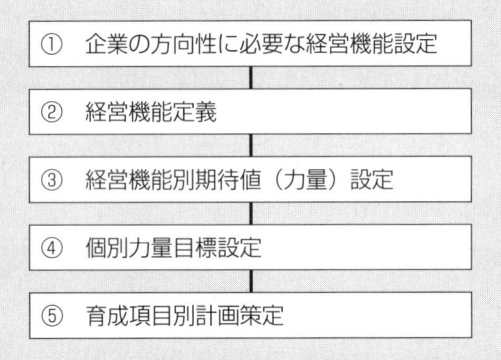

```
① 企業の方向性に必要な経営機能設定
        ↓
② 経営機能定義
        ↓
③ 経営機能別期待値（力量）設定
        ↓
④ 個別力量目標設定
        ↓
⑤ 育成項目別計画策定
```

　企業は必要な人材を確保するために、戦略的方向性をベースに①の経営機能を設定する。新たに必要となる機能も含めて重点的に習得するには②と③までブレイクダウンして社員にわかる内容にする。そして、④で個別にどこまで習得するのか目標を設定し、⑤の計画につなげる。

　では、実際の企業では、上記の流れに当てはめてみた場合、どこまで明確になっているだろうか。これらの実態を経営幹部に確認してみた。

L幹部：「資金繰りや経営事項審査、公共工事発注物件等には着目している。しかし、将来の自社の姿や人材のことまで考える余裕はない。

どう考えてよいのかわからないというのが実情だ」
S幹部：「自分としては何年も前から心配してきた。そして、全社的にも議論はしてきたが戦略となるようなものは出てこなかった。改革すべきだという意識はあるが、それを説明することもできないし、具体的な方策がない。当然、実施することができない」
W幹部：「受注が減少しているのに、そんな取組みはできない」

　L幹部は、将来像を描くことができないと考えている。S幹部は、考える場が与えられているにもかかわらず、自分のこととして受け止めていない。また、W幹部は、目の前の受注確保という経営課題に精一杯で、問題意識がない。

　こうしたことからもわかるように、企業の実態は①〜④までのプロセスを経ないまま⑤に至っている。このような状態では「教育」の内容が明確になっていないのも当然のこととうなずける。

　経営幹部に言わせれば「これまで厳しい中でも頑張ってきた」ということだろう。しかし、その結果が無意味な教育計画の作成という形になって表れているとするならば、これまでのやり方を改め、改革する以外に方法はない。

●習得する内容が明確になっていない理由
【社員】
　■個別の教育計画を作成していないため。
　■会社に提出するための形式的な教育計画を作成することが目的になっているため。
●脱却する手立て
【経営者】
　■人材育成を経営課題に設定して改革を推進する。
　■人材育成システムを構築する。

Q-3　なぜ、現場経験の豊富さを基準に指導者にするのか

　企業には若手の知識習得や能力を向上させようという意識はあるが、その若手を指導する側の能力に言及することは非常に少ない。

　現在、少子化が進む中で、将来の企業づくりにとって若手は貴重な人材である。結果として少数精鋭制が余儀なくされ、指導者の責務も多大になってきている。ところが、実情は現場の経験年数で指導者を決定している企業も少なくない。果たして現場を経験するだけで指導力がつくものだろうか。確かに業務知職や業務手順は理解しているだろう。しかし、だからといって教え方を理解しているとはいえない。

　そこで実際に若手を指導している先輩や上司に現場の声を聞いてみた。

R先輩：「若手には自分が経験してきたことを伝えるだけだ。だから現場のやり方を見て覚えてほしい。今まで指導方法を教えてもらったことがないので、指導能力についてはわからないし、考えたこともない」

E先輩：「OJTシステムを過去に導入した記憶があるが、手間がかかり成果が得られなかったと思う。上手くいかなかった原因は、指導要領書がないため、指定された書類の作成に終わったからだと思う」

T上司：「まず、企業は我々を指導者と思ってるのかどうか、それが疑問だ。また若手は本来自分で勉強すべきだと思う」

　R先輩本人は、指導力の有無はわからないと言っているが、現場経験によって指導する側の能力も養われると考えている。E先輩は、過去に実施したOJTシステムでは成果が得られず、書類作成に終ったと言っている。T上司は、企業から指導者としてその地位が認められていないと思っている。

　また、企業側にも同じ質問をすると、次のような答えが返ってきた。

Z幹部：「指導者として必要な能力は次の3点。まず現場管理ができること、次にあらゆる状況対応が可能なこと、最後に率先垂範できる

　　　　　こと。これらの能力が指導者としての条件だということだが、い
　　　　　ずれも現場を経験することで養われるものだと考えている」
　　J幹部：「指導能力も考える必要があると思う。しかし、今は他にやらな
　　　　　ければいけないことがあるので考える余裕がないのでは」
　　M部長：「自分の仕事が忙しい中で指導していることを考えると指導能力
　　　　　の有無までは問えないと思う。現状の中で適当に対処してくれれ
　　　　　ばよいと思っている」
　多少その表現の仕方は違うが、根本的に指導者の指導能力は現場を経験させることで養われるという考えである。
　実際に指導する側の先輩や上司は、指導者として自分が評価の対象になるとはまったく思っていないし、その自覚もない。そして、さらにそれを評価する企業側にも指導者の能力については問題意識が低い。
　第三者として評価すれば、指導能力は現場経験だけではなくそれとはまったく別の知職および能力が必要だと考える。特に重要な能力としては、現場経験では習得できないマネジメント力、問題解決力、コミュニケーション能力があげられる。
　企業側の姿勢は幹部の回答からもわかるように、指導能力ということに関して、その意識が希薄である。いまだに現場の数をこなすことでその能力が備わると考えているその保守的な認識に驚く。
　確かに経営上の受注確保など当面の課題は企業にとって重要である。しかし、決して将来を担う人材を育てることを後回しにしてもよいということではない。

●現場経験の豊富さを基準に指導者に選ぶ理由
【経営者】
　■指導能力は現場経験で養われると考えているため。
　■現場経験を積むことで専門知識の習得や能力を向上させることができ、率先垂範することで若手に受け継がれていくと考えているため。

第1節　企業の人材育成の実態　57

●脱却する手だて
【経営者】
■現場経験によって、企業が指導者に求めている知識や能力が習得できたのかどうかを客観的に評価し、適合者のみを指導者として任命する。
■指導能力を定義づける。

Q-4 なぜ、教育計画を立てながらそれが実践（活動）できないのか

　企業内で書類作成の分量についてたずねてみると、そのほとんどが「作成する書類が多すぎる」と言う。確かに少なくはないだろう。しかし、各企業とも業務の効率化に対しては前向きに取り組んでいる。実際、IT化によるペーパーレス化が浸透している企業も増えている。ただし、中でも各種計画書の類は、文書化した書類として作成されなければならないものも多くある。
　受注・施工業務と同様、教育に関しても計画を策定し、そのうえで活動することになる。ところが、実際はほとんどの企業がその計画どおりに活動していないか、または計画自体があいまいで活動に至っていない。
　こうした現状からすれば、教育活動自体に問題を抱えているといえよう。そこで、当事者である先輩や上司に教育活動の状況を聞いてみた。
G先輩：「活動というよりも強制的に書類を作成させられている。実際に活動することを考えたら詳しくは書けない。ただし、教育計画書と活動報告書はルールに則って記載している」
N先輩：「どのように作成すればよいかわからない。しかし、部長の指示なので個別教育計画書までを一応作成している」
T先輩：「社内でも実施しているほうだと思う。月1回1時間程度、事例をもとに勉強会を開いている。教育計画にはOJTや自己啓発チェックも含まれているが、そこまではできない」

G先輩、N先輩とも、教育活動とは書類作成をすることだと考えている。だからといって自分から進んで教育をする姿勢でもない。T先輩は勉強会を実施しているが、形式的な義務感からともとれる。
　では、企業側はどうみているのだろうか。特に教育活動内容の把握度合いの確認とともに質問してみた。
A幹部：「きちんと実施していると思う。教育計画と活動に関しては記録がある。その記録によれば成果が上がっている」
K幹部：「教育に関しては各部門長に任せている。忙しいことをできない理由にするわけではないが、実際の活動となると難しいと思っている」
L部長：「直接確認はしていない。指導者としての能力以前に、業務遂行能力が不十分だと思うが、人材不足の現状では仕方がない。だから活動はあまり期待していない。ただ、双方の勉強になればよいと思っている」
　A幹部は、記録があることで満足し、自分の範疇外だと思っている。K幹部は、すべて部門長任せで、ほとんどといってよいほど把握していない。L部長は、客観的にみて判断を下しているが、自分で統制をしようとは思っていない。
　指導者にとっては、「教育活動」＝「教育計画書づくり」となっており、活動まで至っていないのが実情のようである。具体的指導という教育活動そのものに対しての意識が非常に希薄である。
　また、教育計画書も作成しなければならない書類の1つであるが、これもまた、具体的内容、活動スケジュールともにあいまいになっている。
　企業側も部門長クラスにすべてを任せていることが多く、関心も低い。そして、責任者である部門長は教育計画書や教育報告書をチェックすることでその責務を果たしている。つまり、決められた書類が作成されていればよいことになる。しかし、活動に至る以前の問題意識がないのが実態である。

●教育計画を立てるが実施できない理由
【社員】
■会社に提出するための教育計画を作成することが目的で、それを実施することは業務範囲ではないという認識を持っているため。
【経営者】
■教育計画を統制するシステムを構築していないため。
●脱却する手だて
【経営者】
■教育を業務の一環として位置づけ、業務上でもその評価をする。
■経験上の相対的評価ではなく、システム上で客観的評価を実施する。

Q－5　なぜ、教育の中心が外部機関の研修会への参加になっているのか

　外部機関主催の講習会やセミナーは、一般論的な知職や情報提供の場でしかない。しかし、多くの企業では、そうした研修会に参加させることが教育であると信じて疑っていない。
　自社の問題を取り上げて教育するためには、指導者そのものを自社で育てなければ効果として現れないばかりでなく、自社内での指導者育成が進まないということにもなる。そうした意味で考えると、外部機関を利用した各種のコンサルティング等は指導者が指導方法を学ぶにはよい機会でもある。
　しかし現実には、本人が個人的に勉強したいものは別にして、多くの企業が、外部の講習会やセミナーを資格取得のための手段として利用している。そして、建設業に関係がうすい企業や人材にかかわるものは敬遠されがちである。
　そこで、多くの企業がなぜ外部の講習会やセミナーを教育の中心にしているのか、その原因を聞いてみた。

G幹部：「当社も同様で、社内でも教育はOJTを実施するようにとは言っているが実態は皆無のようだ。ただし、資格取得は重要だから、そのための講習会には行かせている」

E幹部：「資格取得が中心になっているのが現状だ。原因は考えたことがない。資格取得以外は自分で勉強するのが当然だと考えているので、その費用を会社が負担する必要はない」

S幹部：「中心にしているとは思わない。企業で決定していることだから当社は現場のOJTが中心で、きちんと実施していると思う。資格取得を中心に考えると外部機関以外は考えられないのが現状だと思う」

R幹部：「まず本人がしっかり勉強してほしい。もし本人にやる気があれば社内勉強会の機会を設定することも考えたいが、現状ではほとんどやる気がないように見受けられる。そう考えると、やはり必要なのは即戦力になる人材ということになる。実際、多くの企業で中途採用を増やしているのもこうした背景があると思う」

　実際に成果が目に見える資格取得のための教育であれば費用をかけるが、それ以外はかけたくない。また、教育といっても何を指導したらよいのか把握していないというのが、企業側の真意だろう。そしてR幹部の言う即戦力となる中途採用という策をとることで、若手育成に対する費用、労力ともに削減したいのが企業の実態である。

●外部の講習会やセミナーが教育の中心になっている理由
【経営者】
　■教育は資格取得が目的だと考えているため。
　■指導者としての教育を実施してこなかったため。
●脱却する手だて
【経営者】
　■人材は社内財産であると認識し、社内で人材を育てる。

第1節　企業の人材育成の実態

■人材教育を経営の一環としてとらえ、将来的に事業開発を推進できる人材を配置する。

4 教育の効果を評価する側

Q-1 なぜ、教育の効果と昇給昇格、給与や賞与等の個人評価が連動していないのか

　企業は教育の効果を評価し、社員へのインセンティブにつなげ、そして、次の課題を設定することで企業レベルを底上げしていく。そのためには、まず教育の効果を一定の基準値を設けて把握する必要がある。

　評価についても同様に一定の評価基準を設けて査定し、その結果を昇給昇格、給与や賞与に反映させることである。そして、その評価基準を明確にし、本人に対してフィードバックし、インセンティブにつなげなければ意味がない。

　つまり、こうした教育環境の整備なしに企業レベルの底上げは難しい。そこで教育の効果と評価が見えにくい実態を若手、先輩や上司、そして経営幹部に聞いてみたところ、次のような答えが返ってきた。

　まず、教育を受ける側の若手の意見である。

A君：「どう評価されているかまったくわからない。具体的に評価内容も聞いたことがない。今度、主任昇格を目指したいと思っているが、その評価基準は現場の経験年数にあるのかと気になっている」

E君：「教育らしい教育はしていないと思う。今、粗利益がどのくらいか、顧客の評価がどの程度自分の評価に反映されているのか、まったくわからない」

Z君：「仕事を覚えている途中なので評価の対象にならないと思っている。当然、昇給も一人前になってからだと思っている」

次に教育を実施する側の先輩や上司はどうだろうか。

R先輩：「若手の評価なんてしたことがない。部長から若手の評価を聞かれたが"頑張っている"ということぐらいしか答えられない。教育としてはたまに勉強会を実施しているが、その効果や反応は確認していないのでわからないし、答えられない。自己評価についてもわからないので答えられない」

G先輩：「教育らしい教育は実施していないから評価できないのが実態。評価するのは経営者だけだと思っている。だから人事にかかわるという意識はないので可もなく不可もない評価をしている」

K上司：「何を基準に評価するのかわからず、自分の経験を基に評価するしかないのが現状だ。結果として、いい加減な評価となってしまっているが、その原因は評価基準をあいまいにしている企業側にあると思っている」

最後に企業側にも答えてもらった。

E幹部：「現場を通した教育の結果はすぐには現れないと思っている。したがって、1年を終わって評価するようにしているが、その評価基準はない。個人の査定表には目を通しているがあまり個人差は感じられない。今のままでも特に問題はないので、現状でよいと思う」

Q部長：「教育の効果は評価できていないと思う。それ以前にまだ人材育成の仕組みができていない。教育する側が自分の業務をこなすことに精一杯で余裕もないし、指導能力のレベルも低い。いずれは目標管理の中に組み入れたいとは思っているが、ずいぶん先の話だと思う」

A幹部：「人事考課の際、教育の効果項目は入れていないし、今後も入れるつもりはない。まず、現場できちんとした評価ができるシステムができてから考えたい。いずれにしても人を育てようという組織風土にならないと無理だと思う」

まず、若手は現場を通したOJT教育があいまいになっているため教育の必要性をほとんど感じていない。評価することを前提にした教育をしていないため、その過程をチェックしようともしていない。特に評価基準がオープンになっていないため、それに対する関心も低い。
　次に先輩や上司のとらえ方はどうだろうか。本人は現場を通して教育を実施していると認識している場合が多い。しかし、現場を通して実施していると思っている教育のほとんどが業務指示の場合が多い。したがって、業務上の成果の良し悪しと教育とが混同され、本来の教育の評価は実施されていない。
　最後に経営幹部は、1年終わった段階で主観的判断ではあるが評価することができると考えている。また、経営幹部の中にも部門での評価があいまいだという認識はある。考課する側およびそのシステムに問題があることはわかっていても、現状を変えることはできないと思っている。

●教育の効果と評価が見えにくい理由
【社員】
　■現在の教育実態を把握しようとしていないため。
　■人材育成システムがなくても、机上で立てた教育計画をもとに形式的に運用しているため。

●脱却する手だて
【経営者】
　■人材育成システムを構築する。
　■教育計画がISOによる規定の目的だけにならないようにPDCAサイクルを回して効果を確認し、結果として社員のやる気につなげる。

Q-2　なぜ、主観的判断によって教育の効果が評価されても反論しないのか

　Q-1で教育の効果や評価基準がないことが指摘されたが、だからといって評価する側もされる側も評価基準がないことに対して問題意識がない。しかし、上位者の主観的判断に基づいて意思決定されていることは事実である。

　教育の効果がすべての判断材料ではないが、このような状態の中で評価査定され、報酬に反映された社員は果たして納得しているのだろうか。仮に納得していなくても、上位者に対しては何も言えないのが日本の企業風土であると思われるが、実態はどうかを若手に聞いてみた。

Q君：「聞いてもその評価は変わらないし、聞いて反対に悪い印象を与えると評価を下げられると思っている。特に可もなく不可もなくやっていれば昇進すると思っている」

J君：「自分の仕事は設計業務で、与えられた仕事はきちんと遂行しているつもりだが、現場よりも評価が低いようだ。勉強することも多いし、商品知識の習得や企画等を考えたり、営業と工事の調整役もこなさなければならないから大変だ。たまに先輩に評価について聞いてみるが、先輩もわからないようなので諦めている。それよりも、新規工事の獲得に向けて力を注いでほしいと言われている」

J君：「余計なことを言って辞めさせられたら大変だ。この間、同僚の一人が、自分の評価について上司に聞いたら"態度や姿勢が悪いからだ"と言われたので、"教える側に問題がある"と言ったら辞めさせられたらしい」

　これでは企業レベルが低いと思うが、これが実態である。教育の仕組みや判断基準については、上位者や企業側に何も言えない。言えば批判と受け取られ、要注意人物としてマークされてしまうようだ。これでは何も言わなくなって当然である。

しかし、だからといって機会がないわけではない。特にISO9001認証取得している企業では、継続的改善が要求事項であるため、誰もが提案できるシステムになっている。経営上の不備を指摘するだけでなく、どのようにすればさらなる成果が得られるのか具体的な提案をすることだ。そして、そのためには日常業務以外の知識習得や情報を収集することが重要である。

● 評価基準がないのに報酬や昇給を決定されても社員は反論しない理由
【社員】
　◾ 報酬の認識が、仕事に対してではなく企業や上位者に対する忠誠心に対してであるため。
　◾ 評価基準を問題視することはいけないことだと考え、あえて話題にしないため。
● 脱却する手だて
【社員】
　◾ 仕事の対価が報酬であるという意識を持つことと、自己の業務の遂行度合いを客観的に評価できること。
【経営者】
　◾ 社員が経営上の知識習得や情報を収集し、企業に対して改善提案ができるような能力を習得させる。

Q-3　なぜ、指導する側は評価されないのか

　これまでのQ&Aで、多くの企業で教育の仕組みがないこと、指導者の能力が不足していること、教育活動自体が行われていないこと、評価基準がなく教育の効果があいまいなことなど、教育の実態があまりないことがわかった。

そして、もう1つ重要なものに指導者自身の評価という問題がある。指導する先輩や上司は、指導者の専門家でもなく一環した教育システムの一部分の担当者でもないため、当然に精神的負担もかかる。ここまでのことを客観的に見てみると、企業のサポートが不足していることがわかる。

　指導者評価は、自分の担当業務の他に経営的立場で物事を見るマネージャーとして、さらに指導者として、その評価項目は多岐にわたっている。

　そうした経営的判断も必要とされる指導者評価について、企業側に意見を聞いてみた。

L幹部：「指導者といっても現場中心のため、評価の対象は現場だ。若手を育てることは当然の職務だと考えている。そして、経験を積むことで指導能力が備わると思っている」

R幹部：「教育に対する意識が希薄であることは確かだ。これまで指導者の評価については考えたことがなかった。教育自体が経営に影響するとは思っていないし、何を評価するのかもわからない」

A幹部：「今のところ現場のことだけをきちんと伝えてくれればよいと思っている。公共工事だけの場合、他の知識や能力は必要としないのでうまく現場を収め、資格取得すればよいと考えている。だから指導者評価は必要ないと思っている」

E幹部：「若手の指導は仕事の一部だが、その意識がないのだと思う。これは我々幹部も同様だが、教育は高校や大学を卒業することで完了しており、その後は自分自身で勉強するものだと思っている」

　確かに指導者は教育活動を実施するだけでは評価されない。教育計画書や活動報告書は、先に述べたとおり活動することを目的に作成するものであり、若手の知識習得や能力が向上しているのかを評価できてはじめて指導者として評価される。最終的に企業の成果につながることも必要であるが、どのように企業の成果につながっているのかは、非常に把握しにくいのではないだろうか。

　教育の効果の流れを整理すると次の図のようになる。

第1節　企業の人材育成の実態

```
┌─────────────────────────────────────────┐
│ ① 直接指導した教育効果：(教育を受ける側) │
│                    (教育を実施する側)   │
└─────────────────────────────────────────┘
                    ⇓
┌─────────────────────────────────────────┐
│ ② 部門の成果                            │
└─────────────────────────────────────────┘
                    ⇓
┌─────────────────────────────────────────┐
│ ③ 企業の成果                            │
└─────────────────────────────────────────┘
```

① 直接指導した教育効果

　効果として現れるのは教育を受けた側である。例えば、新たに獲得した受注高、原価を低減させたコストダウン金額等となって個別の案件ごとに現われる。加えて態度、知識や能力、業務遂行度合い等でも評価される。

　また、指導することによって指導者自身の能力向上という相乗効果が得られる。そして、それは指導者評価の一要素である指導者の育成ポイントである。

② 部門の成果

　個々の成果の結集が部門の成果となって現れる。

③ 企業の成果

　部門の成果の結集が企業の成果となって現れる。部門の成果は部門間が協力することで向上する。

この流れのように、個人から部門へ、そして部門から企業へ成果が連動することが重要である。

『企業の成果＝部門ごとの成果の和』

『部門の成果＝現場ごとの成果の和＋部門に所属する個人の成果の和』

と考えれば、そのキーマンは指導者ということになる。常に人材の活性化をするのであれば、指導者のレベルを向上させていくことである。

●指導者が評価されない理由
【社員】
■指導者を評価するという意識がないため。
【経営者】
■指導者に対する評価基準を設定していないため。
●脱却する手だて
【経営者】
■指導者の職務や位置づけを再構築する。
■指導者評価と企業の成果を連動させた人事システムを構築する。

Q-4　なぜ、知識習得や能力向上が企業の将来を変革する「やる気」につながらないのか

　官僚的企業風土の特徴は、変化を嫌い定型的業務に終始する事務遂行型業務形態である。現在多くの建設企業では、この構図が崩れているにもかかわらず、依然として官僚的業務形態から抜け出せないのが実態である。「やってもやらなくても一緒だ」と諦めている社員が多いのもこのためである。

　世の中が変革を求めているにもかかわらず、旧態依然の業務形態では、若手の意識が建設離れになって当然である。

　まず、自己実現を図りたい若者に「建設業界では無理だ」と思わせないためには、企業は知識習得や能力向上を積極的に推進することだ。そして、その結果、社員に企業の将来性を示していくことが重要である。

　半導体やコンピューター業界等では目覚しい技術開発を行うと同時に人材のレベルアップも図っているが、建設業だけが、こうした進路を絶っているのではないだろうか。そこで建設企業の幹部にこのことを聞いてみた。
Q幹部：「仕事を与えられることからスタートし、その仕事が完成すると次の仕事を待つ体質に慣れてしまったので、新たな知識も能力も

必要ないと思っている。最低限の資格と事務処理能力があれば業務は遂行する。それ以上のことを企業が必要としていないのに、社員は取り組まないだろう」
J幹部：「まず資金が回ることが先決で、将来の姿は見えない。社員の能力は現場さえ収められればよい」
H幹部：「原因は建設業が起業家を育ててこなかったことにある。そして経営に着目しなかったばかりでなく、財務管理や原価管理など業務の一部にもタッチさせない。つまり、社員にはこうした情報を開示していない。結局、企業は本当に社員の能力を向上させようとは考えていない」
S幹部：「自分の能力以上に社員の能力は向上しない。自分自身は反省しているが、いまさら勉強はできない。だから若手には勉強をするように言っているが、企業が将来像を示さないので若手は何を習得すればよいのかわからないのだと思う」

　Q幹部とJ幹部のいう責任の所在は別のところにあり、社員の知識や能力を考えた言動とは思えない。また、H幹部は客観的に分析している。そして自分も役員として経営責任を負う立場であるにもかかわらず、その非が経営者にあると思っていることがうかがえる。そして、S幹部は自ら非を認めてはいるものの、その方策を考えようとしていない。

　これは、これまで建設企業が経営能力の素質がある人材の成長を自分の手で絶ったことによって、現在のような建設企業の「危機的経営」環境をつくり出してしまったからである。これまで建設業が起業家を育ててこなかったその責任は非常に大きいといえるだろう。

　建設企業に限らずすべての企業は経営努力なしにその将来の発展はない。そして、それを一番認識しているのが経営幹部である。しかし、ほとんどの経営幹部は若手の育成を怠り、企業の方向性さえも提示できずにいるのが現実である。これでは社員のやる気（インセンティブ）につながらなくて当然だろう。

●企業変革のための社員のやる気が、知識習得や能力向上につながらない理由
【社員】
■企業の業績悪化の原因は発注官庁や市場にあると思っていて、責任の所在の一端が自己にあるという意識がないため。
【経営者】
■社員の起業家精神を醸成してこなかったため。
■時代の変化に対応した経営手法や社員の能力向上を怠ってきたため。
●脱却する手だて
【経営者】
■自己の出所進退をかけて自己責任を明確にして人づくりに取り組む。
■人材育成を最優先課題とし、企業の将来像と人材像を連動させた取組みに着手する。

Q-5 なぜ、教育を受ける対象は「若手」に限られるのか

　建設企業の現状からすれば、まず教育を受ける必要があるのは経営幹部である。いまや従来のやり方では企業破綻を余儀なくされるほど、環境変化は急激な変化を遂げている。そうした激変する環境変化に追いつくために進めなければならないのが人材の改革である。
　現在の受注や利益を追いかけることも必要だが、それ以上に企業が存続していく力をつけることが重要である。そして、その企業存続の源が人材である。
　教育は決して若手だけではなく全社の課題である。その課題に取り組まない限り、経営そのものが危ぶまれる。これほどまでに重要なことをなぜ若手だけの課題としてしか受け止められないのか、先輩や上司、そして経営幹部に真意を聞いてみた。
H先輩：「資格取得を目的とした教育のため、その対象は若手だ。我々に

は経営は関係ない。社員は組織の中の1つのコマだと思っている」
N先輩：「教育の原点は資格取得だと思う。あとは現場の仕事を覚える現場教育になる。幹部はすでに経験を十分に積んでいるので教育は必要ないと思っているのだろう。最近、管理者教育の必要性を説明されるが、それを理解している幹部は少ないと思う」
B上司：「教育の必要性は認識しているが実感がない。現場にどっぷり浸かっているから他のことには興味がわかないし、社内講師の教育は受ける価値がないと思っている。そうかといって外部講師の話は一般論が多く具体性に欠けるので意味がないと思っている。自分が教育を受ける立場になって教育内容を考えるべきだと思う」
F幹部：「業務知識の教育は若手に限って実施すればよいと思っている。ベテランには管理者教育が必要だろう。我々幹部という立場の人間も民間受注や新規事業開発等の知識を得たいとは思っているが、その余裕がない。現状から考えると、必要最低限の業務知識と建設業法上必要な資格を取得してくれればそれでよいと思っている」
I幹部：「せめて部長クラスくらいまでは教育を受けさせてやりたいとは思うが、妥当な講習会やセミナーがない。仮に参加させてもその成果がわからない。そうした経費を出せるほど会社に余裕がないので今は見送っている」
W幹部：「経営全体を見る立場の人間にいまさら習得させる必要はない。教育をさせる側であって受ける側ではない」

H先輩、N先輩とも資格取得が目的のため、若手に限定して当然と考え、企業のかたよった認識も指摘している。B上司は、現場中心であるという教育のあり方に言及し、自分には必要がないと考えている。

次に幹部の考えだが、F幹部の意見は現実的なので説得力はあるが、非常にネガティブな考え方である。

I幹部の場合は、完全に外部機関による教育を考えている。外部機関の教育は、あくまでも情報提供であり、実施するのは自社でなければならない。

W幹部は自分が教育を受ける側にはなり得ないと考えている。企業は組織であり、一幹部により経営が行われるわけではない。経営に携わる以前に組織というものを認識すべきである。

● 教育を受けるのが若手だけの理由
【経営者】
■若手を対象にした公的資格取得を最優先に考えているため。
■未熟な若手が教育の対象になり、意識が現場中心であるため。
● 脱却する手だて
【経営者】
■教育の対象を全社員に広げ、階層別に習得すべきそれぞれの内容を明確にする。
■社員に対して、戦略構築、目標設定など「経営」への参画を考え、その教育を実施する。

5 実態整理と課題

　次頁以下の表のように建設企業の人材育成の実態を整理すると、次のような手立てが浮かび上がってくる。そして、それをグルーごとに区分すると5つの要素に分類することができる。その5つの分類とそのパーセントは以下のとおりである。
　　A：育成基準　　　14％
　　B：育成システム　42％
　　C：育成手法　　　 8％
　　D：人材施策　　　28％
　　E：育成活動　　　 8％
　ただし、AはBに含まれるため、両者で56％を占める。

●建設企業人材育成が進まない実態分析表

		実　態	理　由	手立て	分類
2	Q-1	現場経験を優先する	◾社員は、早く現場で一人前として仕事を遂行でき、上位者に認められたいという思いがあるため ◾経営者は、机上でいくら勉強しても、現場で経験しない限り企業が求める成果は得られないと思っているため	◾経営者は、知識習得や能力向上のための教育を、現場だけではなく、集合教育や自己開発などと併用しながら行うことをシステム化し、教育環境を整備していく	B
	Q-2	聞くべきときに上位者に聞かない	◾若手社員は、主体的に行動する能力が養われていないため	◾経営者は、知識の習得、能力を向上させる以前に、道徳観や倫理観などの人間性を重視した教育や、社会人としてのビジネスマナー教育を実施する。そのうえで、わからない場合には上位者へ聞くという行為そのものの重要性や聞き方なども含めた基本教育を徹底する	D
			◾若手社員は、上位者と価値観が違うと考え、相談したいとは思っていないため	◾経営者は、日頃から上位者に若手を観察させ、悩んでいると思ったときは上位者から声をかけるなど、若手が先に進めるサポート体制をつくる	C
	Q-3	メモが取れない、取らない	◾若手社員は、メモを取らないことが習慣化した組織風土の中で育成され、上位者の意識も薄く注意をしないため ◾若手社員は、コミュニケーションを取ること	◾経営者は、上位者が事前に習得すべき内容を文書で渡し、現場や自己学習の場を通して知り得たことをメモさせるなど具体的な指示を出し、定期的に確認で	C

		実　態	理　由	手立て	分類
			自体が、確認や一方的な伝達になっているため	きる体制を構築する	
	Q-4	「自分ノート」を作成しない	■若手社員は、自分ノートが知識を習得するためになぜ必要なのか、その意義を理解していないため	■経営者は、これまでの知識や情報を次のステップや現場で応用できるようにするために、上位者に、識別やファイリング、加工分析の方法を具体的な事例で教育させる	E
			■若手社員は、上位者から指示されないとやらない受け身の姿勢であるため	■経営者は、上位者に自分ノートを通じてコミュニケーションをとらせ、定期的に内容をチェックさせる	E
	Q-5	資格取得のサポートが当然と思っている	■社員は、企業の意向、業務の一環として理解しているため	■社員は、資格取得は自己能力向上のためであることを理解する	D
			■経営者は、企業の資格取得費用の負担は当然と理解しているため	■経営者は、社員に対し、資格取得は仕事をするうえで必要なものであることを伝え、報酬と資格取得の関係をシステム化し提示する	D
3	Q-1	事前の知識なしに現場に出してしまう	■社員は、事前の基本知識習得の必要性を感じず、現場に出ることが最善の策と考えているため	■経営者は、人づくりの根本的考え方を見直す	D
			■経営者は、新規採用者に対する教育システムを確立していないため	■経営者は、階層ごとの知識・能力レベルの設定と、習得するための教育内容を明らかにする	B
	Q-2	習得する内容が明確になっていない	■社員は、個別の教育計画を作成していないため	■経営者は、人材育成を経営課題に設定して改革を推進する	D

第1節　企業の人材育成の実態

		実　態	理　由	手立て	分類
			■社員は、会社に提出するための形式的な教育計画を作成することが目的になっているため	■経営者は、人材育成システムを構築する	B
	Q-3	現場経験の豊富さを基準に指導者に選ぶ	■経営者は、指導能力は現場経験で養われると考えているため	■経営者は、現場経験によって、企業が指導者に求めている知識や能力が習得できたのかどうかを客観的に評価し、適合者のみを指導者として任命する	A
			■経営者は、現場経験を積むことで専門知識の習得や能力を向上させることができ、率先垂範することで若手に受け継がれていくと考えているため	■経営者は、指導能力を定義づける	A
	Q-4	教育計画を立てるが実施できない	■社員は、会社に提出するための教育計画を作成することが目的で、それを実施することは業務範囲ではないという認識を持っているため	■経営者は、教育を業務の一環として位置づけ、業務上でもその評価をする	D
			■経営者は、教育計画を統制するシステムを構築していないため	■経営者は、経験上の相対的評価ではなく、システム上で客観的評価を実施する	D
	Q-5	外部の講習会やセミナーが教育の中心になっている	■経営者は、教育は資格取得が目的だと考えているため	■経営者は、人材は社内財産であるとしてとらえ、社内で人材を育てる	D
			■経営者が、指導者としての教育を実施してこなかったため	■経営者は、人材教育を経営の一環としてとらえ、将来的に事業開発を推進できる人材を配置する	D
４	Q-1	教育の効果と評価が見え	■社員は、現在の教育実	■経営者は、人材育成シ	B

	実　態	理　由	手立て	分類
	にくい	態を把握しようとしていないため	ステムを構築する	
		■社員は、人材育成システムがなくても、机上で立てた教育計画をもとに形式的に運用しているため	■経営者は、教育計画がISOによる規定の目的だけにならないよう、PDCAサイクルを回して効果を確認し、結果として社員のやる気につなげる	E
Q-2	評価基準がなく報酬や昇給を決定しても反論しない	■社員は、報酬の認識が、仕事に対してではなく、会社や上位者に対する忠誠心に対してであるため	■社員は、仕事の対価が報酬であるという意識を持つことと、自己の業務の遂行度合いを客観的に評価できること	D
		■社員は、評価基準を問題視することはいけないことだと考え、あえて話題にしないため	■経営者は、社員が経営上の知識習得や情報を収集し、企業に対して改善提案ができるような能力を習得させる	E
Q-3	指導者が評価されない	■社員は、指導者を評価するという意識がないため	■経営者は、指導者の職務や位置づけを再構築する	B
		■経営者は、指導者に対する評価基準を設定していないため	■経営者は、指導者評価と企業の成果を連動させた人事システムを構築する	B
Q-4	企業変革のための社員のやる気が、知識習得や能力向上につながらない	■社員は、企業の業績悪化の原因は発注官庁や市場にあり、責任の所在の一端が自己にあるという意識がないため	■経営者は、自己の出所進退をかけて自己責任を明確にして人づくりに取り組む	D
		■経営者は、社員の起業家精神を醸成してこなかったため	■経営者は、人材育成を最優先課題とし、企業の将来像と人材像を連動させた取り組みに着手する	D
		■経営者は、時代の変化に対応した経営手法や社員の能力向上を怠ってきたため		

第1節　企業の人材育成の実態　77

	実態	理由	手立て	分類
Q-5	教育を受けるのが若手社員だけ	■経営者は、若手社員を対象にした公的資格取得を最優先に考えているため	■経営者は、教育の対象を全社員に広げ、階層別に習得すべきそれぞれの内容を明確にする	B
		■経営者は、未熟な若手社員が教育の対象になり、意識が現場中心であるため	■経営者は、社員に対して、戦略構築、目標設定など「経営」への参画を考え、その教育を実施する	D

　この表を見ていえることは、限られた資源を有効に活用するために、企業としてどのような人材を育てるのか、人材施策の方針を明確にすることが優先課題であるということだ。

　その原因は、企業としての方向性が決まっていないと、どのような人材を必要とし、どのように配置すべきかがわからないことによる。国や地方自治体の予算に合わせて施工のための人材確保をするのであれば、人材施策は不要である。企業の将来を写した青写真をつくってはじめて人材施策が活きる。そのうえで、企業活性化のための人材を確保していくことが重要なポイントとなる。

　さらに、「人材施策」を明らかにしたうえで「育成システム」を構築することである。建設企業のほとんどが、この育成システムが構築できていないと答えている。ISO規格に則った教育計画と、システムが構築できていることとは別である。ISOでは何をしなければならないかを要求していても、どのように実施すればよいかは企業に任されているからである。

第2節 企業に与える人材の影響

１ 企業の人材育成の実態から浮上した課題

　前節で建設企業の人材育成の実態と課題を抽出した結果、「人材施策」と「育成システム」が重要課題として浮かび上がってきた。

　これまで建設企業の経営は、その経営と現場業務の境にある目に見えない大きな壁によって、人材育成を経営の一部として受け入れることを阻んできたといってもよいだろう。そのため人材育成は戦略的な意味合いを持たず、義務の１つであったため、人材施策や育成システム等は皆無であった。

　ところが、上記の人材育成の実態から浮上した２つの課題、つまり人材施策と育成システムによって、経営のあり方自体が確実に変化してきたといえる。これは経営において、人材の存在が重要な位置づけになってきたという証拠でもある。これまでの考え方のままで激変する時代の中で生き残っていくということは、あたかも経営陣の中からカリスマ的経営者の出現を期待するのに等しく、雲をつかむような話である。しかし、現実は経営者の方針の基に全社員の協力なくして成果は期待できない。つまり、企

業の存続は企業の活性化とともにあるといっても過言ではない。
　そこで次に、企業に与える人材の影響について考えてみたい。

2 完成工事高と固定人件費

　平成バブルの崩壊後、建設投資額は平成4年度の84兆円を頂点にして、平成18年度現在の51兆円（見込み）まで凋落の一途をたどり、それと同時に多くの中小建設企業の完成工事高も同様に推移してきた。その間、ほとんどの企業もこのような状況を変えることができず、倒産を免れるために固定人件費の削減、つまりリストラ策をとらざるを得なくなってしまったのである。

　その一例として、直営作業員のような単純労働者をリストラし、期間短縮や賃金単価など雇用条件の変更、社会保険など法定福利の適用を見直したうえで再雇用をする企業もある。また、大手建設企業のように技術職のリストラを敢行しないまでも、給与・賞与の削減で固定人件費を抑えている企業も多い。

　つまり建設投資額、企業の完成工事高が共に低減する中で、それまでの経常利益を確保するためには固定人件費を削減するしか方策が考えられなかったのだ。それは国や地方自治体からの公共工事や民間の設備投資による発注を待つだけで、施工や業務の効率化など一人当たりの生産性向上や新規受注に向けた努力をしてこなかったからである。いわば長年にわたって組織および人材の活性化を怠った結果ともいえる。ただし、企業の活性化は短期間でその成果が出るものではなく、長期にわたって実施することによって結実するものである。

3 経営計画の策定と戦略

　最近、ISOを導入する中小建設企業が増加しているが、導入以前にやらなければならないことがあるのを理解していない企業が多いのも事実だ。特にマネジメントについては、その運用に慣れていないため、ISOの導入を一級の土木施工・建築施工管理技士等の国家資格と同様のものと理解している場合が多く、取得することでその目的を果たしたと考えている企業も多い。

　そのため、システムの維持メンテナンスや経営計画の策定などの重要事項でも、必要に応じてそのつど考えればよいと考えている経営者も少なくない。このような場合、企業への影響は非常に大きく、その責任は当然、経営陣によるところがほとんどである。

　つまりは経営陣の事業戦略に対する意識の欠如ということである。これまでのように市場での新規受注は難しいが、それなくしては企業自体が存続するための利益確保さえも難しくなってくる。そのうえ、設備投資資金の回収という重荷が重なるため、新規システムやサービス開発ができない限り、企業存続さえもおぼつかなくなってくるだろう。しかし、こうしたマーケティング戦略や商品開発をするのは「人材」そのものなのである。

4 部門組織と機能

　将来の仕事について議論する場合、各部門を基本において議論する以外に選択肢はない。

　日本独自の組織形態として「縦割り組織編成」があるが、建設企業においては、ほとんどの企業が依然としてその形態をとっている。

　最近になって多くの建設企業が「全社員営業」といっているが、それは

これまで縦割り組織編成によって、企業と顧客との窓口である「営業」部門が単独で活動してきた証拠でもある。ここにきてやっと他部門と協力して活動すべきだということを理解したわけである。

それでは、部門を越えて仕事を完結するためには、具体的にどうしたらよいのだろうか。例えばメーカーの場合、商品を核に事業部制を導入したりマトリックス組織を構築するなどの方法が考えられるが、建設企業では現実的な方法とはいえない。建設企業の具体的方策としては、現在の職能制組織のままで「機能」に主眼をおいた組織の構築をあげることができる。

組織の上位に機能を据えた場合には、下図のような組織図が考えられる。

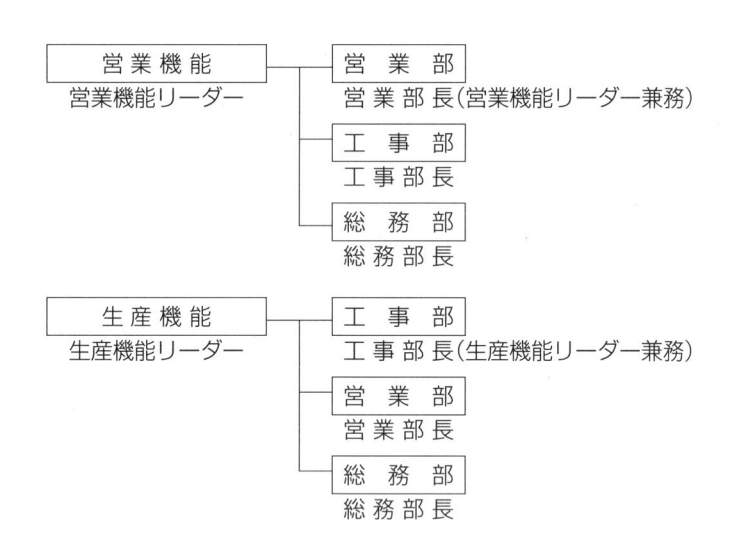

```
営業機能         ─┬─ 営業部
営業機能リーダー    │   営業部長（営業機能リーダー兼務）
                  ├─ 工事部
                  │   工事部長
                  └─ 総務部
                      総務部長

生産機能         ─┬─ 工事部
生産機能リーダー    │   工事部長（生産機能リーダー兼務）
                  ├─ 営業部
                  │   営業部長
                  └─ 総務部
                      総務部長
```

この組織では各機能リーダーが役割を決定し、部門をコントロールする。基本的に「職能制組織」という従来の型を残したうえで機能ごとにメンバーを構成し、役割を決定する「機能別プロジェクト」である。各機能リーダーが機能責任者となって機能を統制する。機能責任者は各機能リーダーであ

り、戦略構築とその計画、指示、監視、分析、見直しに至るまでその機能を統制する。

　この組織編成例は人材を活性化するための一手段にすぎないが、現在の中小建設企業では、こうした手段にさえ手をつけられずにいるのが実態である。

第3章

まだまだ「改革」できる経営感覚

- ●市場変化に敏感になる
- ●顧客の真の要求を察知する
- ●マネジメントサイクルを回し続ける

第1節

市場変化に敏感になる

1 市場変化

　地方都市A市では、バブル崩壊後、官公庁（発注者）から建設企業に対して公共投資の大幅削減が通達された。しかし、ほとんどの経営者は、これまでの政官業癒着構造、談合から離脱することなどあり得ないと聞く耳を持たなかった。

　しかし、そうした中でD社だけは違った。受注が減少することを予測したうえで、現有資源を維持しながら人材の能力向上を図り、協力業者も含めた全社的コストダウン体制を構築した。つまり、減収増益体質への転換を図ったのである。その後、公共投資削減が実施されたにもかかわらず、予想していたため財務的打撃は少なく、現在も利益体質を確保している。

　機会があってD社の経営者に聞いてみた。すると彼はこう言った。

　「まず、市場変化に敏感になることです。そして、その情報をキャッチした時点で経営判断し、従来のやり方を躊躇せずに変えることではないでしょうか」

　市場変化のスピードは思った以上に早いものだ。仮に今期に経常利益が

確保されたからといって手放しでは喜べない。なぜなら、来期も利益を確保できるという保証はどこにもないからである。

しかし、その市場変化は脅威でもあるが、裏を返せば、D社の事例のように経営のやり方を見直し、企業価値がアップする大きなチャンスでもある。

市場が変化することによって、その影響をまともに受けるのは、まず「売上」である。なぜなら、市場が変化することによって求められる商品も変わり、従来の商品に対する需要は減り、結果として売上が下がるからである。それでは、どうして売上が下がったのかを、3～5年の売上の経年推移を見ることによって市場変化やその傾向を把握し、売上低下の要因の確認をするだけでは、売上低下を防止することはできない。

つまり、経年推移から市場変化に気づくのではなく、市場変化を敏感に把握することで売上低下の防止対策を講じるのである。例えば、近年の建設企業における大きな市場変化は公共投資の削減である。そして、この市場変化に誘発されるのが「リストラ」など企業の人員削減という対処である。このように企業が人員削減という措置をとらざるを得なくなった原因が市場変化にある、または、それに連鎖したものであると考えれば、市場変化を把握することの重要性がわかるはずである。そして市場変化を把握したあと、こうした現象を今後の企業の方向性に反映させることが最も重要なのである。

企業が常に市場変化に敏感になるということは、企業の方向性を決めるだけではなく、社員個人にとっても慢性化した日常業務から脱却するチャンスが与えられることになる。つまり、市場という現実の情報から、企業内部の潜在的情報を得て、時系列・項目別に整理することによって「市場変化」という情報を活かすことができる。

そこで次項では、市場変化をどのようにしてつかめばよいのかを考えてみたい。

2 なぜ、市場変化をつかむのか

　狭義でいう市場変化をつかむとは、顧客が現在求めていることは何なのかを把握するということである。例えば、戸建住宅の建築を検討中のオーナーの関心は、その仕様、価格、工法、使い勝手など様々なものが考えられるが、関心の度合いや優先度は時間の経過とともに変わっていく。つまり、時間をかけて顧客の関心を追求したところで、そのタイミングを逸すると、まったくニーズに合わない場合もあるということになる。

　市場変化という現象は、顧客のライフスタイル、商品仕様、流通方式、法規制、ライバルとの競合状況などあらゆる角度から分類し、時系列で整理して分析することによって把握することができる。

　そして広義では、将来の企業の方向性を決定するために、市場変化を把握し、将来の市場を予測することである。

　理想としては、営業の一部であるマーケティングの機能として市場変化を把握することが望ましいが、実際に機能しているところは非常に少ない。だからといって取り組まないというのではなく、「企業の方向性決定のための市場変化の把握」ということを全社員に周知させることが大切である。そうすることによって、営業部だけではなく各部署においても、市場変化に対する関心が高まるはずである。

　市場変化をつかむために重要なのは、まず、「社員全員がマーケティング志向を持つ」ことである。そして、営業、工事、管理などすべての部門における共通の話題として議論できる環境をつくることである。そうすることによって、全社員が共通の意識のもとで次のステップに取り組むことができるからである。

　全社員がマーケティング志向を持つために、あえて機能と部門を一致させる必要はまったくない。なぜならば、全社員が「目的を明確にした組織

としての対応」を理解すれば、そこには協調性も生まれ、「私には関係ない」という思考はなくなるからである。

　それは、管理機能を有するマネージャーであっても同様である。例えば、従来のマネージャーは、営業に関しては一担当者として傍観者の一人でいられた。しかし、マーケティング機能という全社の共通の経営課題の下では、同じ目的に向かうメンバーであり、部門を越えた組織で活動することになる。具体的には営業戦略構築にも加わり、情報提供だけでなく営業活動、市場分析、顧客へのアプローチ方法を提案するなど、それまでのような一傍観者ではいられなくなる。

　このように、管理機能を有するマネージャーとしての役割と、営業の一担当者としての役割を同時にこなすことによって、風通しのよい組織に変えることになる。

　このように、市場変化をつかむということは、組織を新しい姿に変貌させる可能性を引き出すことになる。

3 市場変化と現場の関係

　市場変化をつかむことによって、将来の市場を予測することができる。では、そのことが今後の企業経営にどのように展開されていくのかを以下で説明する。

　例えば、市場変化を共通の話題として部門間をつなぐことができれば、営業サイドが考えている商品開発の情報を工事サイドでも収集することが可能になる。それだけにとどまらず、さらにその開発に対してのサポートもできる。

　もし、仮にこれが部門という組織単位でしか情報を共有化できないとしたら、相互が反対方向に向かって業務を遂行する場合があるだけでなく、その状況に気づかないこともあるなど、そのロスは多大である。

そして、そうした状況が個人のプライドや価値観にまで作用し、結果として相手の活動を阻害することになってしまうのでは本末転倒である。
　ここで、市場変化を「情報」ととらえた場合、社員が同じ方向を向いて活動するためには、当然、情報を共有化していなければならない。特に人材創造という視点からみた場合、企業内の情報そのすべてが活動の拠り所となる重要な要素である。
　そして、「情報の共有化」がされていない場合は、市場変化を把握するという概念が組織の中にはないため、当然、企業戦略にも反映されず、結果として企業活動そのものがストップしてしまうことになる。
　とりわけ公共工事依存経営型の企業にとっては、市場を予測すること自体が必要ないため、仮に商品開発機能がなくても支障を来さないばかりか、発注者の予算頼みになってしまうのはいうまでもない。
　したがって、「市場変化を現場に反映させ、新商品を開発し、受注を確保する」という経営の一連の流れが実施できていないことも認識できず、結果として倒産する企業も少なくない。しかし、この状態を客観的に見た場合、倒産に至っても何ら不思議なことではない。
　市場変化という「情報」は、現場をつなぐ重要なパイプであるのはもちろんだが、人材創造を促進するためには必要不可欠なものでもある。

4 ビジネスチャンスは市場変化の中に潜んでいる

　また市場変化は、将来の市場に企業の取組課題を提供してくれる。つまり、新しいサービスの仕方や技術など開発しなくてはならないということを気づかせてくれるのである。
　ただし、その結果、成功するかどうかといえば成功する確率のほうが極めて低いが、だからといって、すでに成功している他社の模倣では別の意味でリスクを抱えることになるだろう。

資本主義経済の中で、とりわけ建設業は「競争がない業界」といわれ、そのような思考の基で企業経営をしてきた経営者たちが経営危機に追い込まれている。ビジネスチャンスは、すべての企業に平等に与えられてはいるが、それをつかめるか否かは企業次第、つまり「市場をどう変えていくのか」を常に考えているか否かにかかっている。

　反対に「市場はどう変わっていくのだろう」と傍観している企業は、ビジネスチャンスが与えられていることにさえも気づいていない。これは人材創造についても同じことがいえ、これまで人材を創造してこなかったにもかかわらず、今になって「人材がいない」と嘆いているのである。ビジネスチャンスをつかむためには、「市場をどう変えていくのか」を考えられる人材を創造することであって、決して「市場はどう変わっていくのだろう」という傍観者を創造することではない。

第2節

顧客の真の要求を察知する

1 顧客の要求とは

　建設企業のF社は、有望顧客として、あるメーカーL社をターゲットにして幾度も足を運んでいたが、最終的に受注することができなかった。バブル期以降、L社は設備投資を手控えており、工場や倉庫はもちろん、機械さえも耐用年数を超えている状態であった。
　ところが、その後の景気の回復に乗じて新商品の開発が進み、それに伴い製造工程の変更も発生した。既存商品の製造に加え、新商品の製造を行うことになったL社は、新たな建物と設備機械投資が必要になっていた。
　ある日、F社の経営者がL社を訪問すると、L社から次のような話があった。
　「設備投資は必要だが、その予算を捻出するのは非常に厳しい。低価格で建物を建築してくれる会社ではなく、設計の段階から相談に乗ってくれ、情報や企画サービスを提供してくれる建築会社を探していた」
　その結果、F社はL社の受注を得た。F社の経営者は次のように言った。
　「御用聞きの営業ではダメだ。顧客がどのように考え、どのようにした

いのか、顧客の真の要求を察知し、顧客の心をつかまなければ決して新規の受注にはつながらない」

今、顧客は一体何に関心を持っているのかを改めて考えてみたい。

官庁や地方自治体は、社会問題にまで発展した官製談合、政官業癒着、天下り、無用なインフラ整備など数々の問題を抱え、社会的バッシングも免れない状態にある。

そうした中での建設業界の関心事といえば、無用なインフラ整備の代表ともいわれる高速道路やダム建設等の公共工事から予算移行を余儀なくされた福祉や自然環境にかかわる公共工事、そして、特例債につられた市町村合併の推進であろう。

民間顧客の場合、ビジネスチャンスは無限大に存在していると考えられる。建設業のエンドユーザーには他業種の企業が多いが、その中で製造業を例として取り上げて説明する。

製造業の顧客の関心事は売れる製品づくりにある。それは当然、売れる製品によってその経営が成り立っているからである。とするならば、製造業の関心事は製品の販売個数と販売先、つまり、マーケティングシェアなどがあげられる。

それでは、製造業の顧客に対して建設企業はどのようなサービスを提供すればよいのだろうか。例えば、売上が伸びない、つまり製品が売れない状態であれば製造工場の拡大、リニューアルなどの設備投資の提案は控えざるを得なくなる。だからといってサービスが提供できないわけではない。反対に、このような顧客に対してこそ、その企業の関心事を視野に入れたサポートが提案できるし、また、しなければならない。製造業の場合のサポートの提案とは、販売ルート拡大のための流通方法やマーケティングリサーチのコンサルティングサービス等で、それをきっかけに建設工事等の受注に転換させることができるか否かであり、それがビジネスチャンスである。こうして考えてみると、「ビジネスチャンスは無限大である」と言っ

た意味が理解できるはずだ。

そこで次項では、顧客の要求を分析してアプローチ方法を考えるということについて説明する。

2 顧客の要求を分析してアプローチ方法を考える

まず、顧客の真の要求を察知することが重要である。そのためには、顧客の立場で分析することが最も大切である。しかし、顧客の立場で分析するといっても、どのようにすればよいのか、思い浮かばないという建設企業が多いだろう。なぜなら、一般的に建設企業が戦略を構築する際の分析とは、建設企業から見た顧客分析であって、顧客の立場での分析ではないからである。

この発想の転換を利用した営業スタイルがコンサルティング営業である。これは事前に顧客の実態を把握し、予算計画や設備投資に至るプロセスから建設企業として提供できるサービスを導き出し、それを提案するものである。

例えば、顧客が官庁の場合、公共投資が削減されている中で、投資が必要とされている事業は何なのかを考えることによって、提供できるサービスが浮び上がってくる。実際には、公共投資削減によって開発的投資は見送られ、維持・保全を目的とした環境保護投資や福祉関係への投資などが増えている。

具体的には、住宅の地震対策に関する免震構造リニューアル、道路や鉄道および新幹線のトンネルの壁面保護等の災害防止につながるプロジェクト等があげられる。さらに自然環境や景観、維持・保全を目的とした遊歩道の敷設など、自然との共存を図るプロジェクトもあげられる。このように、最近では地域再生を目的としたプロジェクトも建設業のテリトリーとなってきている。

これらのプロジェクトの中で、建設業が提供できるサービスは、共に考え、顧客のメリットにつながるリサーチや調査設計、企画提案を含むプロジェクトを完成させることであって、これまでのような施工のみのサービスでは顧客を満足させることはできない。
　また、上記のようなプロジェクトの他にもっと身近な「請け負った物件」に対する顧客の要求がある。それは仕様や工期の遵守、地域住民との調和、そして何よりも顧客への迅速な対応である。しかし、こうした身近な要求というのは、とかく「持ちつ持たれつ」という関係になることが少なくなく、「要求」であることを理解していない経営者も少なくないのが実情である。
　まず、顧客の要求に耳を傾けて知恵を出す。それによって工期を短縮し、また仕様を変更することによって予算の削減を考えているというのであればうなずける。しかし、反対に顧客から言われるがままに行動し、あげくの果てに原価アップを受け入れてしまうことが顧客の要求であると思っているのであれば、それは大きな誤りである。
　次に民間企業への企画提案についてであるが、これは様々なサービスが考えられるため、ビジネスチャンスを広げられるか否かはそのアプローチの仕方にかかっている。まず、顧客プロファイリングの作成から入り、顧客である企業の現在の立場や取組みを探ることはもちろんのことであるが、その企業の創設から今日までの経歴とその背景、企業理念、企業風土を探ることも必要である。こうした企業分析をすることによって、さらに「どのようなアプローチに関心を示すのか」を探っていくのである。
　結局、官民にかかわらず、こうした顧客の要求を知ること、すなわち要求に応えられる人材が必要だということである。現在、顧客の要求に応えられる人材に求められている能力とは、今の能力を180度転換した発想ができるということである。

3 顧客の真の要求への対処

　顧客の真の要求への対処について、経営者が取り組むべきことと社員が行動すべきことに分けて説明する。

　まず、経営者として取り組むべきことは、顧客の真の要求を社員全員に理解させることからスタートする。それを経営者だけでなく、経営幹部、部門長、一般社員に至るまで徹底的に理解させることである。なぜなら、それは自社が攻めようとしているターゲットが誰で、何を求めているのかについて共通の情報にするためである。

　次にサービスの種類としては、ヒアリング、リサーチ、企画、相談等が重要で、それには従来の設計積算、見積り、施工、アフターメンテナンスというような一連の作業プロセスを体系的にまとめてみることである。そしてまず何よりも顧客の疑問に応え、不安を解消することである。

　建設企業が提供できるサービスの1つ目は、体系的にまとめた作業プロセスを維持するためのサポートと、そのプロセスを組織的に統制しながら具体的に運営していくことである。そして、それを実施するためには、個人の力量や組織という仕組みだけではなく、会社のサポートが必要条件になる。

　サービスの2つ目はメンテナンスである。一度構築したサービスに対して見直しのアフターフォローを実施しないというのが、これまでの建設企業のメンテナンスに対する姿勢の1つであった。それはどういうことかというと、一度構築したサービスに対するアフターフォローを忘れていたわけでも、やる気がなかったわけでもなく、それを管理するマネージャー不足のために実施されてこなかったのが実情である。構築後のサービスに対しては、時間の経過とともに見直しの必要があるにもかかわらず、マネージャーの管理不足のために実施されていないだけである。

次に、社員自身が行動・実施しなければならないのが、戦略構築機能、リサーチ機能、企画立案機能、プレゼンテーション機能等の新たな機能習得を目指して個人の力量を磨くことである。業務を通した個人の力量の習得は非常に難しいが、だからといって習得できないわけではない。例えば、業務以外の時間を利用するのも１つの方法である。
　顧客の真の要求に対処するには、企業だけでなく、個々の社員の取組み、そして企業の社員に対する取組みも必要になってくる。

第3節 マネジメントサイクルを回し続ける

1 マネジメントの理解

　「ISO を取得したからといって、PDCA を回して顧客満足に向けた継続的改善が機能しているのか」「業務上の各計画は作成されているが、果たして本当に計画どおりに実行されているのか」「目標は達成されたのか」。G 社の経営者は、これらすべての確認すらできなかったため、ISO をやめようと思ったという。

　ところが、やめるに当たって ISO そのものを見直していると、それまでの自分の認識している「マネジメント」とは、単なる「管理」にすぎなかったことに気づき、呆然となった。日常的業務を遂行することは「管理」であり、本来のマネジメントとはその業務上の問題点を抽出し、分析を行い、改善することであることがわかったとき、彼は「マネジメント強化プロジェクト」を立ち上げた。

　当初、社員はそれまでの「管理」が全否定されたと思い非協力的だったが、マネジメントそのものを理解して「管理」との違いがわかると、それまでの態度も軟化していった。

結果として、マネジメント強化プロジェクトは成果を上げ、今ではPDCAを回し、名実ともにISO取得企業となっている。

　建設企業の場合、マネジメントの定義を正確に理解しないまま、抵抗なく社内で使用していることが往々にしてある。身近な例では、現場管理を現場マネジメントと同一の意味として扱ったり、資金繰りなどの経営サイドで行う業務をマネジメントとして扱ったりと、その内容はどれもが混同されているものばかりである。

　もちろん、なかにはきちんとその内容を理解して遂行している企業も多いが、建設企業における「マネジメント機能」の普及はまだまだといってよいだろう。

　ところで、マネジメントと人材創造の定義は前述したが、実際はどのような関係にあるのだろうか。「将来の人材を新たに創り出していく」という点では共通しているが、果たしてそれだけに留まるのだろうか。この点については後述するが、ここではまず、現在の建設企業において、あやふやなまま存在する機能である「マネジメントサイクル」について説明することにする。

2 マネジメントサイクルとは

　「マネジメント」と「マネジメントサイクル」の定義は以下のとおりである。

1 マネジメント

　企業の将来の方向性に対して、部署で区分するなどして目標を設定し、活動の具体的内容を計画立案する。そして、その活動計画を組織の中で実行し、その結果を分析評価のうえ当初設定した目標と比較する。その結果、目標値に向かって順調に実施されていれば、さらに上位の目標設定や市場の予測を行う。また、目標値到達までかけ離れている場合には、目標に近

づけるためにその原因を追及し、その方策を考えて再度実行する。

② マネジメントサイクル

上記で説明したマネジメントをある期間繰り返し行い、新しい付加価値を生み出すプロセスのこと。

そこで次に、マネジメントおよびマネジメントサイクルの企業での実態を整理してみよう。

企業実態 1　マネジメントを一現場と同じ１つの業務としてとらえている

建設企業で働く人にとって、ある業務の完結、例えば現場の着工・完成は仕事の区切りをつけるという以外に、私的な意味においても生活のリズムが安定する。ただし、現場を預かる人材の能力や業者の質に関していえば、ある現場が完結したからといって同様に完結するわけではなく、常に向上を目指すものでなければならない。

しかし、現実には現場完結後も継続的な向上につながっていない場合が多い。下請業者への教育がその一例であるが、一現場の中で１回実施されればよいほうで、ともすると実施されないことも少なくないのが実情である。

このように現在、建設企業における「マネジメント」とは、１つの現場によって完結する機能となっており、それは、これまでに培われた「１つのことが探究できない」業界体質と「一現場完結」という業界特有の慣習によるものだといえる。なぜなら、その機能を正確に理解していないために、単なる反復活動となってしまっているからである。さらに、仮に目標を立ててもその目標達成に対する評価もされないとなれば、向上心が低くなるだけでなく、その価値そのものがわからなくても当然であろう。

まず、今の建設企業に課さなければならないのは、マネジメントを１つ

のプロジェクトとして位置づけることによって、期間ごとに評価し、評価ごとに目標設定し、それを個人のやる気につなげるということである。企業の組織としての向上は、マネジメントを機能させ、マネジメントサイクルを回すことよって実現する。

企業実態 2　マネジメントを経験で処理しようとする

　多くの建設企業は、いまだに「システム」という言葉に抵抗感を持っているようである。しかし、それぞれの仕事には手順があり、その手順どおりに進めることで目的を達成するように取り組んでいるので、実際にはシステムが存在し、その必要性も十分に理解できているはずである。

　それはマネジメントについても同様で、「これまでに経験したこと以外は信頼しない」という業界特有の閉鎖性が作用し、マネジメントという言葉そのものに嫌悪感を覚えるだけでなく、受け入れられない場合もある。

　経験は直感勝負的な要素が強く、思考の原理に基づいているものではない。だからといって直感が悪いというわけではなく、時には必要な感覚であるが、ことマネジメントに関しては、客観的なモノサシとシステム的に機能することが必須条件であるため、マネジメントを進めていくうえでは逆に支障を来すことになる。

企業実態 3　業務について評価されることを嫌う

　業務のシステム化ができていない場合、自己の経験や判断を頼りに行動せざるを得ない。当然、慣れることで不安が解消され行動できるようにはなるが、だからといってこうした行動がよい結果をもたらすとは限らない。特に単独で行動しなければならない部長、課長などの管理者クラス、いわゆるマネージャーといわれる人々が、これまでの自己の経験や判断に頼った場合、その結果は保証されない。

　マネージャーは、常にこうした状況対応型の意思決定を求められること

になるが、その場合は、必ず決められたプロセスを踏む必要がある。なぜなら、決められたプロセスを踏むことによって、組織としてサポートしなければならない内容を理解し、そのうえで監視することができるからである。

ところが、マネジメントされていない状況下のマネージャーは、内容も理解できないまま、マネージャー個人の都合で判断し、行動することにならざるを得なくなる。マネジメントされていない状態の中では誰も問題提起をすることがない場合が多いため、さらに属人的な体制が加速することになってしまうのである。

結果として、個人の自己主義的な行動に対する企業の隠蔽体質が生まれ、さらに閉鎖性が増すことになる。その結果、客観的に評価されることを嫌うようになってしまうのである。

企業実態 4　企業の方向性と自己業務の関連性を理解していないため、行動を見直すことができない

近年は、建設企業でもマネジメントにおけるP（Plan：計画）とD（Do：実施）に関しては理解し、活動に移せるようになってきた。ところが、いまだに理解できていないのがC（Check：検証）とA（Action：改善）である。なかでもAに関しては、まったく理解できていない場合が多い。そこで次にAについて説明する。

① Cで分析した内容に基づき「今までの方法とは違う」付加価値の高い提案をすること。
② ①の提案が企業の方向性と連動するのかどうかを検証すること。
③ ②の方向づけを行うこと。

企業は最終的に「方向づけ」を行わなければならないとすると、上記の定義をみる限りAは確かに難しいが、企業にとって非常に重要なことでもある。

そこでマネージャーに求められるのは、社員が企業の示した方向づけを具体的な行動として活かせるように、業務の中に取り込むことで連動させる能力である。

　しかし実際には、企業の方向性と業務との連動のさせ方、その内容など多くの問題を抱えていることが多いため、見直しをするという意識レベルに達していない場合がほとんどである。これではAが機能しなくて当然といえるだろう。

3 現場管理とマネジメント

(1) 現場管理の盲点

　現場管理とは、設計図書、顧客要求事項、現地調査等の情報から最適なコスト、品質、工期等を考えて現場の目標を設定し、活動する具体的内容を施工計画や実行予算に表し、現場という組織を通じて原価管理、品質管理、工程管理等を実施し、その結果を対比評価のうえ当初設定した目標に近づいていれば維持させ、仮にそうでない場合は、目標に近づけるために、その工程の遅れやコストアップ等の原因を追及していくことである。

　しかし、この内容ではマネジメントとはいえない。なぜならマネジメントを完全にするためには、原因を追及した結果、どのような現場管理にすべきなのかという方針決定が必要だからである。

　そこで以下では、建設企業の多くで機能していないとされる方針決定と目標設定について解説したい。

(注)　「現場管理」については拙著『建設経営革命』（建設マネジメントコンサルティング研究所、2004年）でも定義づけしているが、ここではもう少し詳しく解説を加えた。

(2) 方針決定と目標設定

　方針が決定されていない状態で現場管理に入るのは、羅針盤を持たずに航海に出る船のようなものである。それぞれがそれぞれのやり方で活動するということは、当然のことながら行き当たりばったりの仕事をする羽目になるということだ。上手くいけばよいが、一度トラブルが発生すれば、そのやり方が非難される。こういう状況下で問われるのが現場管理の意義である。

　目標設定については、例えば、ISO9001やISO14001を導入している企業の場合、方針決定およびプロジェクトの目標設定（品質）が実際の活動内容となる。

　目標を設定することももちろん必要であるが、設定しただけでは価値がない。それはどういうことかといえば、目標を設定すること自体が目的となり、設定した段階でその活動が終わる場合が多いからである。つまり、目標設定は作成書類の1つと化し、まったく意味のないものになっているということである。よって、それ以降の活動は「余計な活動」という意味が強くなる。目標設定の仕方については、拙著『建設経営革命』に詳しく記載してあるので参照していただきたい。

(3) 原因追及

　原因追及は、プロセス監視後の計画と実績が大きく異なる内容に関して分析を加えて方策を立てる、いわゆる「是正処置」である。当然のことではあるが、次回あるいは別のプロジェクトに対して水平展開することを検討するのも、原因追及の一貫として考えることが重要である。

　従来の現場管理はPとDしか機能していなかった。そして、PDCAが1つのサイクルとして回って初めて意味を持つということから考えると、結果として現場管理のマネジメントは、すべてが機能していないというこ

とになる。つまりは、そうした体質が経営レベルのマネジメントにも大きな影響を与えていると考えられる。

　現場管理と一言でいっても、その内容は広い。施工や施工管理だけでなく、施工方法を効率よく進めるための施工の標準化や改善ポイントの明確化などすべてがその範囲となる。これらすべてをマネジメントと同じ考え方で進めなければならない。また当然、その施工を行うのは人材である。その人材の知識や能力を向上させることが結果的に効率化につながるため、ここでも人材の教育が必要となるのである。

　現場と経営は同じ土俵で検討して初めてその意味を持ち、経営者自身がマネジメントを理解することでスタート地点に立つ。そして、それを全社員で実施して初めて活動をしているということになる。

4 マネジメントサイクルを回し続けるためには

　これまでの説明で、従来の企業体質を引きずったままマネジメントサイクルを回すことは、非常に困難であることが理解できたと思う。しかし、本来の経営を取り戻すためには、このマネジメントサイクルを回し続けることが必要不可欠なのである。

　そこで次に、マネジメントサイクルを回し続けるためにやるべきことについて解説する。

(1) 目的や言葉の定義を明らかにする

　建設企業の社員は、経験を積むことで知識の習得や能力を向上させることが多い反面、企業が実施する教育によって習得するものは非常に少ない。そのために新しい言葉に対する抵抗感が強く、現実の業務に対応した解説をしなければ理解できない場合が多い。

　社員自身、自分の業務内容の目的を理解しないまま業務を遂行している

場合が多い。特に手段が目的化していることや、「前から決まっていることだから」とか「今までこれで問題がなかった」など、その企業の慣習が目的となっている場合が多いのが実態である。これが業務の硬直化を生む原因となる。

そこで、その問題を解決するためには、業務内容の目的を示す必要がある。そして、その手段を考えることになり、業務そのものを考えることにもつながるようになる。つまり人材を創造するということは、目的のために知恵を絞って手段を考えることでもある。また、組織で活動するうえでの基本は、全員が言葉の意味を理解しておくことが重要である。なぜなら、あいまいな言葉で表現すると業務上の誤解を招くことがあり、コミュニケーションがとれないなどの支障を来すことになるからである。

(2) PDCAの流れをフローチャートに表す（組織を縦軸にとる）

取組課題ごとに、PDCAの業務内容をまず明確にする。その取組課題には次のようなものがある。
① 経営計画策定・運用
② 予算統制
③ 戦略構築、活動検証
④ 変更統制
⑤ その他

これらの業務内容を整理すると次頁の図のようになる。このように業務をフローチャートで標準化することにより、社内ルール、権限と責任、納期、帳票が明らかになる。

このフローチャートには、具体的な業務内容を入れてマネジメントサイクルを理解しやすく表している。1つの基準が設定されることによって、別の業務を考える拠り所となる。しかし反対に、基準が不明確な場合は代替案を出すこともできなくなる。

● 予算統制フローチャート

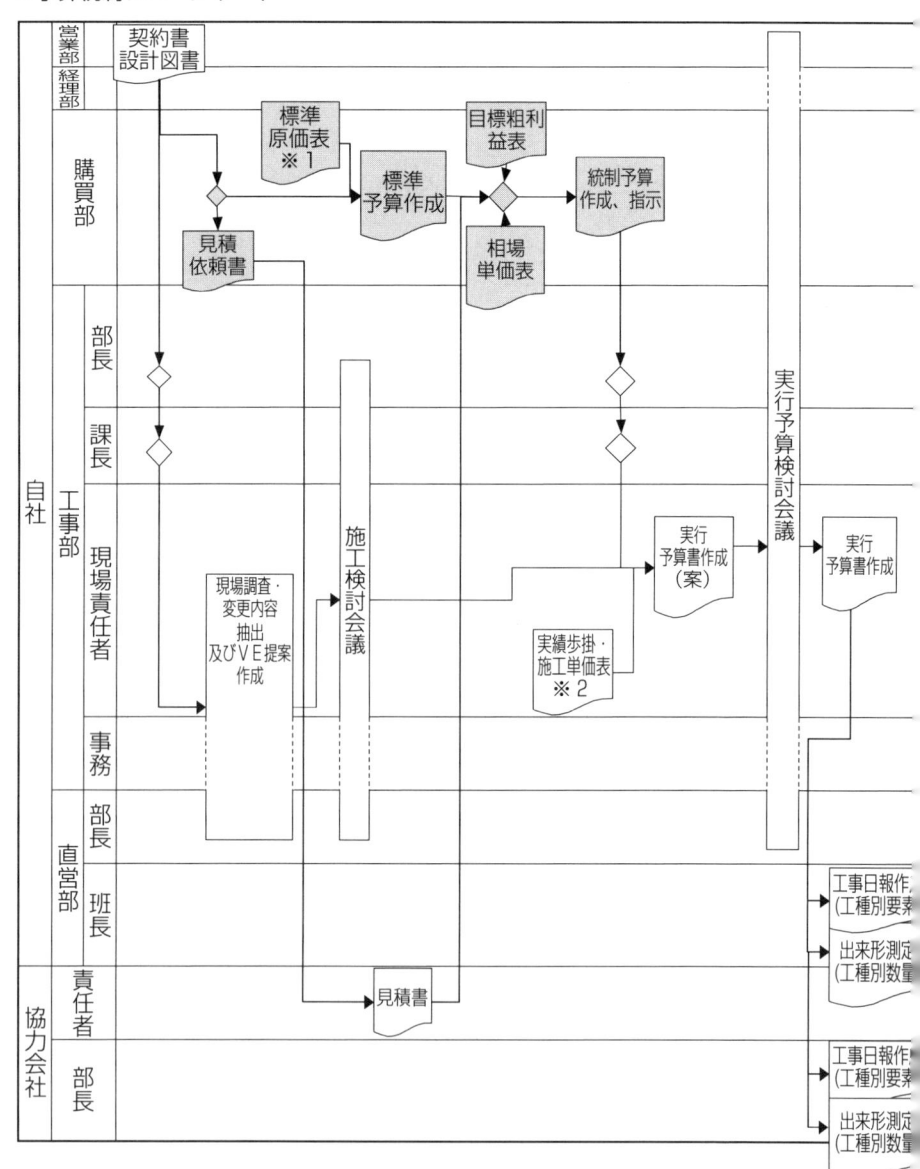

(注1) ※1、※2はそれぞれ次頁の※1、※2へとつながっていく。
(注2) 図中「-----」の部分は交差する当該部署と無関係であることを表している。

◻ : 予算統制にかかわる業務

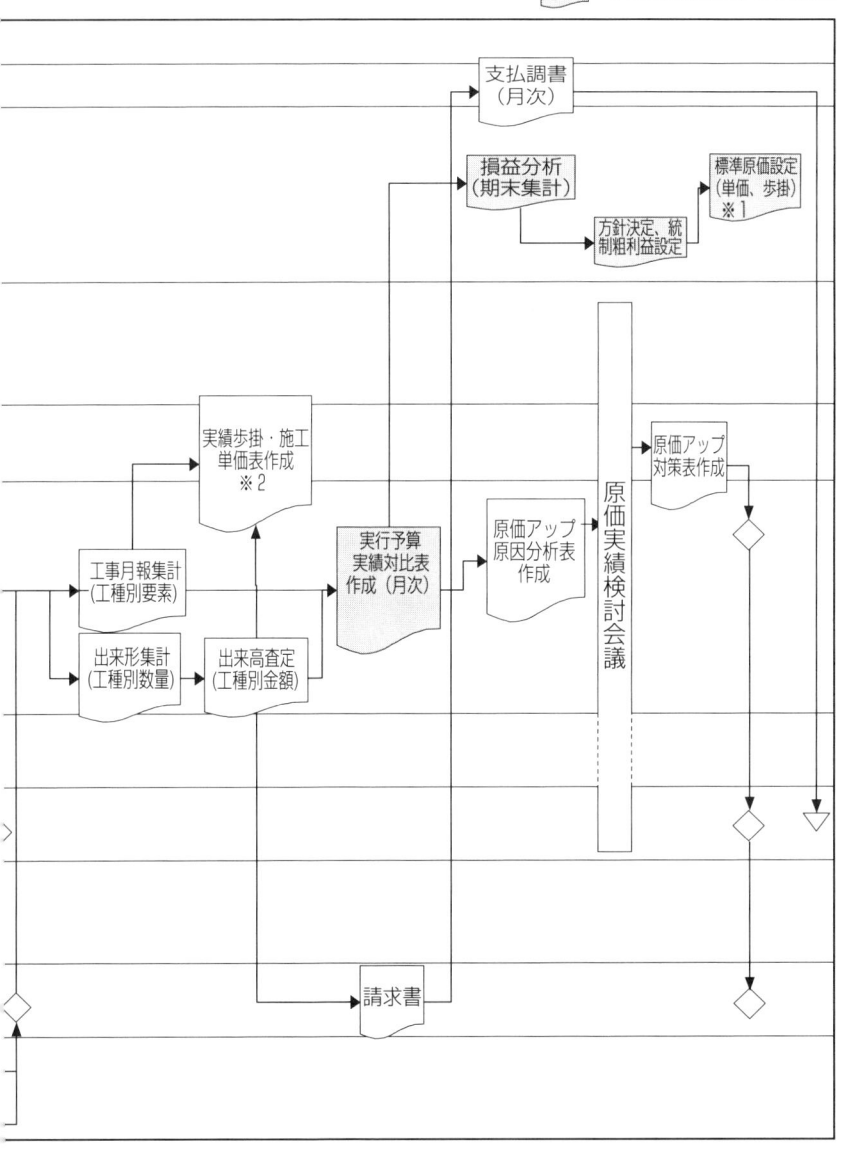

支払調書
（月次）

損益分析
（期末集計）

方針決定、統制粗利益設定

標準原価設定
（単価、歩掛）
※1

実績歩掛・施工単価表作成
※2

工事月報集計
（工種別要素）

出来形集計
（工種別数量）

出来高査定
（工種別金額）

実行予算実績対比表作成（月次）

原価アップ原因分析表作成

原価実績検討会議

原価アップ対策表作成

請求書

第3節　マネジメントサイクルを回し続ける　109

(3) PDCA をそれぞれプロセスの集合体とみなす

　ISO における「プロセス」の定義は、「インプットをアウトプットに変換する、相互に関連する、または相互に作用する一連の活動」となっている。そこで、このプロセスの集合体を PDCA サイクルと置き換えればわかりやすい。そこで予算統制の場合（下表参照）を例にして説明する。

		業　務　内　容
P	a b	統制予算作成、指示 実行予算作成、検討、承認
D	a	月次損益管理
C	a	定期的予算と実績対比、差異分析
A	a b	方針決定 統制粗利益率設定

　上の表で確認すると、P（計画）というプロセスは「a 統制予算作成」プロセスと「b 実行予算作成」プロセスからなる。a のインプットとしては、顧客要求事項、標準原価、企業の経営目標数値等があげられる。同じく a のアウトプットは統制予算である。次の b のインプットは a のアウトプットである統制予算、現地調査情報、施工検討資料、実績歩掛りや VE 提案等のコストダウン資料からなり、アウトプットは実行予算である。

　以上のように業務内容を1つのプロセスとみなすことで、そのプロセスがつながり、プロセスの集合体となる。

(4) 教育の機会を上記(1)から(3)の情報を使って提供する

　このマネジメントサイクルを回すためには、絶えず知識や情報の提供を継続し、システムを明確にすることである。そして、それを定着化させるには統制と教育が重要になる。

(1)から(3)までの情報は単純かつわかりやすいものであり、重要ポイントでもあるので、手順書や指導書としても十分使用できる。

(5) 1サイクル回した後に達成できたこと、達成できなかったことを第三者の視点で評価し、次の目的設定を行う

　経営計画のマネジメントサイクルは1年を1サイクルとするが、すべての業務を1年にするわけではなく、業務内容にあわせて期間を決定すべきである。要はマネジメントサイクルを回していくことで、確実に成果を出すことが重要である。マネジメントサイクルを回す意味は、業務そのものに反映させて効率化につなげることである。仮にそれができない場合は、それにかかわる社員のやる気や向上心の低下を招くことになる。

　そして最後に、達成に対する客観的評価を社外の第三者から受けることが必要になってくる。なぜならば、主観をなくした公正な判断による評価が、これまでにない新しい経営の視点を創り出し、それと同時に、そのような経営感覚を持った人材を創ることになるからである。そして、これがマネジメントサイクルを回し続けることの最大のメリットでもある。

第4章

「改革」は人材の再生から始まる

- ●人材再生のための指導者
- ●指導者の能力とは何か
- ●指導者を活かすための法則

第1節 人材再生のための指導者

1 指導者の立場

　建設業界には、「現場経験を積むと指導能力がつく」という考え方があり、これを公言してはばからない経営幹部も少なくないが、実際に現場で経験を積むことによって養われるのは、現場の知識や技術力であって決して指導能力ではない。

　しかし、現場経験を積むと、いつの間にか指導者という立場になっているのが実情である。そしてそれは、本人が好むと好まざるとに関係なく、自分の行動を見せて覚えさせ、それをお手本にやらせるといった、いわゆる「身体で覚えさせる」形式の指導がほとんどである。

　当然のことながら、それは企業が計画的に実施しているのではなく、業務上、そのときに指導役に就いた先輩のやり方を覚えさせるものである。よって、その先輩が変われば、そのやり方も変わり、先輩から引き継いだ後は、本人がこれまでのお手本の選択肢の中から自分の判断基準で選ぶ以外に方法はない。

　わかりやすくいえば、その実態は「受け売り」になっているため、自分

が考えたり工夫したりすることは、まったくないといってもよい。こうした「現場の指導」の事情をみると、教育指導のカギを握っているのは指導者であり、その指導能力であることがわかる。そこで、さらに建設企業の教育指導者の実態を掘り下げてみることにする。

2 「将来の企業づくりのための教育」不足

(1) 従来の教育とは、資格取得と現場経験

　これまで建設業界でいわれてきた教育とは、資格取得と現場経験という２種類のカテゴリーに集約される。それは将来の企業経営に必要な人材を育てるというよりも、経営事項審査の評点を得ることを目的としたものや、現場管理が迅速にできる人材の育成など、業務に重点をおいた目先の教育であるといっても過言ではない。確かに企業としては必要な教育であり、決して誤りではないが、現在の「新しい環境変化に適応できない」経営環境からすれば、今までの教育が必ずしも適切だったとはいえないだろう。特に経営計画に基づいた戦略的な取組みができない、資金繰りが追いつかない、新規事業開発が実施できないなど、多くの建設企業が抱える経営課題は、これまでのかたよった教育に原因があると考えられる。

　それは「人材」という資源に対する投資が必ず利益につながるわけではないため、リスクを背負った投資ととらえて人材の育成そのものを疎かにしてきた。そして、そのツケが今になって「将来の企業づくりへの障壁」という形で現れてきているのである。

　そこで、「不足する将来の企業づくりのための教育」の実態について様々な角度から探ってみたい。

(2) 経営者の意識

　建設企業の将来にとって、生産現場以外の「経営資源の確保」を必要と考えるか、不要と考えるか、それはあくまでもその企業の経営者の資質によるだろう。そして、将来の企業づくりを真剣に考えた場合、その結論は「人づくり」の重要性に到達し、それと同時に経営者自身の経営哲学を問うことにもなる。
　このように考えると、経営者が将来に対して取り組む「人づくり」は、経営者自身の強い思いと一貫性を持った理念であると言い換えることもできる。
　しかし現実は、多くの企業が「将来の企業づくり」に対する投資に難色を示したり躊躇するなど、「人づくり」の観点から見ても企業継続の危機は免れない状況にある。これは長年の指導経験からの実感であるが、特に経営の投資計画の中に、人、物、金、情報などといった経営資源に対する投資計画がほとんどみられないのが実情である。その根底にあるのは、「目に見えないものには投資しない」という考え方である。残念ながら真っ先に削減されているのがこうした資源への投資である。当然、投資が止まるということは新たな取組みがストップするということになる。こうした状況をみると、いかに人材育成という経営課題の優先度が低いか、経営者自身の意識が低いかが浮き彫りにされる。

(3) 指導者の意識

　指導者という立場を明確にしている建設企業は少ない。したがって、中堅管理者レベルの社員でも一業務担当者としての意識しかないというのが現状である。若手の疑問や不安を解消するのが先輩や上司の役割という意識からは、かなり掛け離れ、その意識は稀薄であることがうかがえる。
　反面、現場知識や技術力という点からみれば、経験の積み重ねがあるた

め若手に比べればそのレベルは高く、指導者に値する。ただし、いかに経験の積み重ねが多くても自己の知識や技術を後輩に伝承し、企業のために活用してもらおうという意識がない場合、つまり指導者の先見性、価値観、人間性によっては、それまでの現場知識や技術力が発揮されずに埋没してしまうことが多い。

こうした実情に鑑みると、企業が人づくりを成し得るためには、「どのようにしたら指導者の意識を向上させられるか」という大きな課題を解き明かしていく以外に方法はない。

例えば、ライフサイクルと自身の欲求レベルの指標として活用される「マズローの欲求5段階説」のように、最上位の自己実現レベルに引き上げていくためには、企業の方向性に沿って段階を踏んだ政策を展開するのも1つの方法である。

指導者の意識を改革できるか否かは、企業が指導者に対して、企業の方向性に沿った誘導ができるかどうかにかかっている。

(4) 建設業協会など諸団体の教育サポート環境

まず、下請業者の保護と育成という観点から考えた場合、日本とアメリカでは、その仕組みや制度に大きな差があることを説明しておきたい。

日本の場合、労働組合のほとんどが企業別組合であるため、建設労働者の保護や育成の機能は非常に限定されている。むしろ元請企業が形成する協力会社体制によって安定的な発注や安全教育がなされることが、企業の保護・育成であるとされているといってもよいだろう。

一方、アメリカでは、米国労働総同盟産別会議（AFL–CIO）と呼ばれる職種別労働組合（ユニオン）があり、この組織を通して建設労働者の保護・育成が図られている。この組合には建設業だけでなく製造業やサービス産業などあらゆる職種の労働者が加盟しており、現時点でその数は1,300万人に上る。そして、この傘下に建設事業部（Building and Construction Trades

Department：BCTD）がある。BCTDの傘下には15の全国組合があり、386か所の地方支部を持ち、加盟労働者は300万人ともいわれている。

　この15の全国組合は、例えば、全米大工組合、建具工組合、国際電気配線工組合等で、様々な活動を行っている。その中でも特筆しておきたいものとして職工トレーニングセンターがある。これはユニオン労働者の技術力向上を目的としたもので、全米に2,000か所以上ある。そこでは主に若手の見習い職人等を対象とした技能研修を行っており、毎年18万人以上の見習い工が受講している。また、安全衛生面においては米国労働省の連邦機関の１つである、労働職業安全衛生管理局（OSHA）と共同で、現場の安全の見直し、発注者や元請業者に対する危険業務削減等の理解を深めるための労働者と雇用者間の協力プログラムを推進している。

　さらに昨今の日本と同様、熟練労働者の高齢化と若年層の建設業離れで質の高い労働者は減少の一途をたどっており、このような現状を踏まえ、建設業界主導により施主、元請、下請業者が協力し、労働者のトレーニングを援助する新システムが発足した。これは建設教育研究センターと呼ばれる民間団体が、電気工や機械工など業種ごとの全米技術基準を作成し、それに沿ったトレーニング講座の運営を行っている。建設教育研究センターと元請業者が全米トレーニング供与協約を締結し、締結業者は労働者の時給工賃から15セント（約20円）をセンターに寄与する。センターは給与金を業者ごとに口座管理し、その金額に見合っただけのトレーニングをその業者および下請業者に行う。また、発注者は元請・下請業者に対してこの協約加入を義務づけ、その代わり時給工賃に15セントを上乗せすることを承認するというシステムである。

　こうした国外の教育サポート体制を知るにつけ、日本の建設企業に対する教育サポート体制の立ち遅れを思い知らされる。建設作業従事者の質や労働者層が毎年変化する中でそれに対する教育サポートが、従来とまったく変わっていない日本の実情を嘆かざるを得ない。このような現状を打開

するには、いまだに講演会が主体の研修体制を実地研修体制に変えるなど、教育環境そのものを変革することから始める必要がある。「建設経営という視点」からも、教育の内容そのものを見直すことが迫られている。

3 指導者のレベルアップが図れない

(1) 指導者に対する教育は皆無

　現在、建設企業が抱えている問題の1つに、指導者の知識習得、能力向上へのサポート、そして指導者育成のための職務があいまいになっていることが挙げられる。それは、これまで企業における教育は「若手レベル」中心に行われ、その若手を育てる先輩や上司、つまり指導者に対する教育ということへの問題意識がなかったからである。

　今までは指導者を教育する場合、その内容については特に問われてこなかったが、そのほとんどが現場中心であったことは注目すべき点である。現場中心ということは、結局、現場から離れないということであり、現場指導者の経験で十分教えられる範疇ということでもある。これまで言われてきたように、若手を指導するために指導者がさらに経験を積む必要が本当にあるのか、また重要なのかは疑問である。そして、こうした経験の見極めやその期待値の設定は非常に難しく、判断基準がないに等しいため、ここでいう指導者教育の範疇ではないと考えたほうがよいだろう。

　それでは、指導者の指導能力はどのように習得されることが望ましいのだろうか。前項でも述べたが、決して指導者の経験を無視するつもりはない。しかし、あくまでも「若手レベル」の教育とは別に考える必要がある。具体的にはシステムを構築し、そのシステムに沿ってシミュレーションすることによって指導プロセスを客観的に評価するというプロセスである。これまでのような情報収集のためのセミナーや講義中心の研修会への参加

では意味がない。
　そこで次に、企業が「指導者のレベルアップをはばんでいる」原因について考えてみたい。

(2) 企業における指導者の位置づけと指導者評価

　本章の②(3)で、企業における指導者の意識は一業務担当者としての意識と同じだと述べたが、実際にはどのように記載されているのか、人事制度改革に着手している建設企業を例にあげて確認してみたい。
　その企業の職務分掌マニュアルには、中間管理職である課長や部長クラスが若手の指導をする旨が記載されている。しかし、その手順に関しての指導マニュアルはもちろん、職務基準書での位置づけも明確になっていないため、その責務や活動内容についてはまったくわからない。このような例がほとんどで、指導マニュアルまで構築している企業はごく稀である。また、位置づけなども職務基準書等で明確になっている企業も少ない。つまり、指導者としてあえてその位置づけと責務を課していない建設企業がほとんどである。
　本来は、この指導者の位置づけが指導者評価に連動するのだが、位置づけそのものがあいまいであるがゆえに、評価項目などの評価基準も設定できないのである。つまり、現時点においては指導者評価という業務認識は皆無といってもよい。

(3) 業務担当者対象の教育研修会に指導者を参加させている教育の概念

　現在、多くの建設企業では、低迷する経営環境下、外部研修会への参加でさえも削減の傾向にある。こうした状況の中、「せっかくの研修だから」といって多数の社員を参加させる企業も多いが、それも内容によるため一概に薦められない。例えば、講演会等ある種の情報収集が目的の場合は多数参加させても問題はない。しかし、知識習得や能力向上を目的とした研

修会の場合には、一定の参加基準を設けて対象者を絞り込む必要がある。

これまで「現場代理人」を対象とした研修を多く手がけた著者の経験からいえば、企業が課長や部長に期待していることと「現場代理人」に期待していることは、その目的が明らかに異なる。また、同じ現場代理人の立場でも、若手とベテランではその期待度も完全に異なる。ところが、その目的を理解しないまま本来の研修対象者ではない課長や部長が参加しているケースも少なくない。

一番望ましいのは、研修対象者である「現場代理人」が参加することであるが、仮に課長や部長が参加した場合、現場代理人の立場で受講するのではなく、現場代理人を指導する側の視点で受講しなければその価値はない。研修会に参加させることが教育をすることではなく、研修会で得たことを企業内で活用させて初めて教育をするということになる。

企業が何を習得させたいのか、その目的によって研修を選択できなければ参加する意味はない。しかし、実際にはそれを理解していないため、目的による研修を選択できず、結果、その効果が現れないのである。必要に応じた人材に適切な研修をさせなければその効果はなく、時間のムダになるということである。

(4) 資格優先主義と企業家精神醸成の欠落

いまさらいうまでもないことだが、建設企業の多くは資格優先主義にかたよっているため、企業経営にもその弊害が出ている。資格優先主義で企業経営を乗り切ることはできないにもかかわらず、実際は頼りきっているため、そのギャップが建設企業の経営そのものを困難にしている。このことは拙著『建設経営革命』で詳しく述べている。

何が欠落しているのか。それは「企業家精神」に尽きるだろう。建設企業の経営そのものが問われている現在、組織に必要なのは経営者の右腕となる「企業家」である。そして、この状態にしてしまった原因の1つには

建設業界特有の閉鎖的な体質があるといってもよい。情報未開示、社員に対する経営はずしである。経営者が企業を私物化し、社員を単なる「労働力」としか見てこなかった「ツケ」の反動が今になって押し寄せているのである。

　もちろん、すべてがそのような経営者ばかりではない。全体数からみれば、ほんの一握りの企業ではあるが、「経営の力量」を磨き、新分野や新市場を切り開いてきた経営者もいる。当然、そうした経営者は社員を経営に取り込むことも忘れてはいない。

　特に企業の中枢を担う人材については、世襲や親族という時代錯誤的な登用をするのではなく、「企業づくり」の中から発掘していくことが重要である。これは、他の業界においては常識である。せめてこうした意識や考え方だけでも他の業界から遅れをとらないようにしてほしいと願っている。

4 建設企業の成果と指導者の関係

(1) 指導者の評価

　建設企業の成果は、受注高、完成工事高、粗利益、営業利益、経常利益等の経営目標数値を達成することによって評価される。そして、この成果に指導者がどのような貢献をしたのかが、その評価につながる。営業担当者、現場代理人、事務担当者等の業務遂行者には受注目標や粗利益目標があり、評価内容もわかりやすくなっている。当然のことながら、部門をまとめ、部門目標を達成させる責務もあり、これを評価するのは経営幹部である。

　しかし、若手の指導者という立場にあるベテランの営業担当者、現場代理人、課長・次長という指導者の立場に対する「指導者教育」としての評

価は非常に不透明である。これらの人材はこれからの企業を担っていく可能性が高い。にもかかわらず、現状を変えようとしていないのが建設企業の実態でもある。

　自己の実績が評価されなければ、やる気も起きないし、やろうともしないのは至極当然のことである。人間誰しも自己の実績が評価されれば、当然やる気が出てくるし、また反対に評価されなければやる気にはつながらない。現在の建設業のほとんどが、やる気につながる評価制度を構築していないといってもよいだろう。

　指導者にやる気がないからといって新規事業の開拓、民間企業の受注拡大、コストダウンなど将来に向けた課題に取り組ませなければ、やる気だけでなく知識習得や能力向上をも停滞させることになる。つまり、これからは重要な人材である指導者の能力と仕事への意欲を向上させることが、企業にとっても1つのチャンスなのである。

　そこで、企業の成果に対する指導者評価をどうとらえているか、その課題を説明する前に、企業の成果と賃金の配分のあり方について考えてみる。

　成果とは、一番わかりやすい例をあげると「目標数値達成」である。目標数値達成という成果は直接社員に還元されるため、いやがうえにも関心を持たざるを得ない。つまり、そこには業務と賃金、貢献と報酬の相関関係が存在するため、結果として自己の力量を磨くことになる。

　賃金は1年ごとに更改し、年俸契約制を適用・決定する場合の算出方式では年俸額を16か月に分割し、うち4か月分を夏季・冬季2回の賞与として支給する。賞与の査定評価は前年の受注高および完工高をベースにした来期の目標数値と個人の役割を評価して決定する。

(2) 企業の成果と指導者評価

　実際に多くの建設企業は、その成果を明確に設定していない。いわば経営者の特権事項として扱われ、その情報は開示されず不明なままである。

その結果、1年間に社員に還元される金額も明確にされていない。

こうした状況の中での指導者評価、つまり貢献と報酬の相関関係を制度化している企業はほとんど見当たらない。いまだに横並び意識や年功序列による賃金体系制度を採用している企業がほとんどという現実をみると、指導者にその価値を見出していないし、また、そうした企業の姿勢をうかがうことすらできない。

(3) 指導者へのインセンティブ

指導者の業務には、教育計画ツールの作成、教育の実施、教育結果の評価と報告書作成等があるが、職務の位置づけもなく、評価基準も実績評価もない現状では、社員のやる気、つまりインセンティブにつながらなくても決して不思議ではない。

インセンティブにつながらない原因は何なのか。企業自身が実態を客観的に見て考えなければその答えは出ないだろう。現在のようにこの問題を放置したままではなおさらのことである。「指導者」とその「インセンティブ」の仕組みを構築しない限り、今後の企業の発展と、それにかかわる人材の輩出は望めないであろう。

第2節

指導者の能力とは何か

1 将来のカギを握る指導者

　前節で述べた企業の成果と指導者の関係でも明らかなように、今、指導者にあまり成果を期待することはできない。なぜなら指導者は、企業から与えられた業務をこなすだけの一人の社員にすぎず、経営に携わりそれを遂行する人材ではないからである。

　よく「従業員が大事だ」という経営者がいるが、その真意を言葉ではなく行動を示さなければ、それを実証することはできない。例えば、ある企業が企業方針として「従業員満足」を第一に掲げたとする。その場合、企業はどのようにすればよいのか？　従業員を叱る、ほめる、従業員とともに喜び、苦しみ、正当な評価と報酬を与えること。つまり、同じ土俵で企業経営能力を磨いていくことである。そして、指導者となり得る人材に対しては、将来の企業を担っていけるように鍛えることも必要である。

　そして、これが一番大切なことだが、従業員一人ひとりに、顧客に喜んでもらえるには何をすればよいのかを常に考えさせ、あらゆるコミュニケーションを通してそれを実践させることである。

このような従業員満足、顧客満足に気を配るということが「企業は人なり」の実践である。満足を追求するということは、その対象となる「人」をよく知ることから始め、その人が持っている知識や能力の程度はもちろん、長所や短所までも把握することである。

　企業の中で将来の指導者の姿を深く考えていくほどに、指導者に求められる知識や能力がいかに重要であるか、そして、指導者に対する企業の責務を痛感せざるを得ない。そこで以下では、将来の指導者像に着目して整理してみる。

2 将来の指導者像とは

(1) 経営環境づくりのかなめ

　地方の中小建設企業は、地域の雇用を提供する地場産業であり、インフラ整備という基幹産業を担っている。公共投資の大幅な削減の中で、中小建設企業が今後も従来型の公共投資に頼った企業経営を続けていくのであれば、基幹産業を担っていくことはできないであろう。それを可能にするためには、従来の経営から切り離した新しい事業のあり方を構築する経営環境づくりに着手する以外に方法はないと考えている。したがって、将来の企業を創造していくためには新しい経営環境づくりを視野に入れ、将来を託すことができる指導者を創造する必要がある。そして、それが企業づくりを行うということでもある。企業の将来を託すことができる指導者の姿はどうあるべきなのか、明確に描けないのが実情であろう。そこで、将来の指導者像を明確にするためにその骨子を整理してみる。

(2) プレイングマネージャーとして業務を遂行できること

　指導者といっても、業務遂行者、つまりプレイヤーと、部課長など指導

者としての立場であるマネージャーの両方を兼ねる場合がほとんどである。そうなると成果や報酬についても同様の見方をする必要がある。例えば、プレイヤーとしての業務に対する報酬を50％とすれば、残り50％はマネージャーとしての成果に対する報酬として評価するということである。

マネージャーとしての具体的な業務としては、①複数の現場統制と目標利益の確保、②対営業サポートによる受注への貢献、③将来に向けた企業づくり改善活動等である。

(3) 計画的・組織的なアプローチで若手の育成をサポートすること

まず、自立型育成システムともいうべき企業のサポート体制を構築するのが先決である。あくまでも若手の育成をサポートすることが重要なのであって、指導者の過去の業績を押しつけるものであってはならない。過去の業績等については標準化し、テキストとして活用したり、知識編、応用編といったステップアップ目標の目安として、その情報を提供するのが望ましい。つまり、若手に適切なテキストや資料等が提供され、自ずと自立型育成がスタートするという仕組みである。そのうえで指導者は、応用のためのノウハウやトラブル回避の方法など、これまでの経験で養ったサポートを提供するのである。

また、用途や実施計画など、あらかじめ計画されていれば、スケジュール管理はもちろん、現状に即したサポートができることになる。

(4) 外部環境を把握して経営課題を設定することで企業に貢献すること

指導者であれば、普段から市場や経済の動向など自社以外に目を向けることは不可欠である。なぜなら経営的な視点を醸成するうえで大事なことだからである。とかく社内のみで業務を遂行していると外部の動きが見えなくなる場合が多い。

もちろん、外部の動向を身近な経営課題として設定して若手に認識させ

ることも、その経営課題に対して興味を持ち続けることにもつながる。反対に自社や自身にはまったく関係ないとさせてしまった場合、若手は日々の業務を遂行することだけに終わり、新たなアイデアを考えることはできないであろう。

　指導者に必要とされるのは、新しいアイデアを考えることとそれを企業に提案し続けることなのである。企業へ提案するという目的を持つことによって、自己の行動も少なからず変わるはずである。

③ ビジネスチャンスを拡大する能力を持て

(1) 企業家的思考を持った指導者

　外部にもっと目を向けて自社の経営課題を設定できる人材が必要だと前述したが、それは、これまでのように与えられた業務をこなすだけで成果達成ができた時代が終焉を迎えたことを言いたかったからである。これからも課題提案型の人材が必要とされるウエイトは高くなる一方と思われる。そこで、指導者という立場の人材は、「ビジネスチャンス拡大」の機会をとらえることと、その能力を習得できなければならない。

　それは言い換えれば、企業家的な思考を持つことを目標とした指導者育成の取組みであり、新規事業創出のための開発能力以外にも、身近な諸問題に目を向けて新商品開発の手がかりにしたり、顧客の持つ潜在的ニーズを掘り起こすことができる能力のことである。

　例えば、バブルの時期に購入した重機や土地等の処理・活用、閑散期の現場代理人の活用、今まで培ったノウハウの整理など、多くの新しい課題を解決するためには、これまでには必要とされなかった新しい能力が必要になってくる。

　ビジネスチャンスは景気の悪い時代や困難な背景の中から生まれてくる

ことが多い。景気が上昇気流のときは、その波に乗り遅れまいとする追随傾向が強く、新しい発想が生まれてこないことが多い。しかし、企業の体力があり、資金的に余裕があるときこそビジネスチャンスを拡大する能力を醸成することが必要になってくる。今後は、公共工事に依存している企業にとって将来を見据えた事業を創造できることが、倒産を回避する唯一の手段となるだろう。

したがって、指導者に対して企業家思考を持つことを目指せる環境を与え、その中でビジネスチャンス拡大を考える能力を養わなければならない。

次に、ビジネスチャンスを拡大するために必要な能力にはどのようなものがあるかを整理してみる。

(2) **市場の潜在ニーズを把握し、新たなビジネスモデルを構築する能力**

経験を通して培われた知識や能力は得難いものであり、仕事を進めていくうえで重要なものである。しかし、その知識や能力もやがては時間の経過とともに時代に適応できなくなるのも事実である。「温故知新」といわれるように、過去の知識や能力を基礎とし、新しい知識や能力を備えなければならない。

つまり、ビジネスチャンスを拡大するとは、将来にだけ目を向ければよいわけではなく、過去の経験を基に現在の顕在化した市場ニーズに立ち向かうことでもあり、いまだ市場に現れない潜在的ニーズを探ることで、これからの方向性を確立することでもある。当然、失敗を繰り返す中でビジネスモデルを構築することによって、新たな事業の柱を確立させることができるのである。

この能力を培い機能させるためには、従来の職能制組織ではなく、マトリックス組織が必要となる。つまり、あらゆる機能を有効に活用できる組織によって、チームが同じ方向に向かい、能力を開発する環境をつくり出すということである。

(3) 顧客が抱える問題に対して、サポートを通じて解決を図る能力

　企業は顧客あるいは自社も含めて様々な問題を抱えている。そして多くの企業では自社の問題から取り組むのが常である。例えば受注高が減少すると、公共投資削減や不況による顧客の設備投資の手控えによる不可抗力のようなものだから自社では解決できなくて当然だと問題を棚上げしたとしよう。すると、企業が取り組まなければならない課題からは除外され、経営幹部や業務執行責任者は自己責任ではないと主張し、当然、経営責任もとらないという結果になるのだ。

　この考え方を180度転換し、「問題は顧客ではなく自社にある」という発想に立ち返らなければ問題を解決することはできない。また、顧客とともに問題を解決する、いわゆるコンサルティングというサービスでは、情報提供やリサーチ、そして企画提案等のサポート能力が必要とされる。

(4) 対外部への自社商品の差別化とそれを普及させる能力

　これは、差別化した自社商品を外部に対して広く知らしめることを目的とした能力である。公共工事については、指名競争入札が続く限り受注機会は指名業者に公平であるため、発注機関である官庁に対しては知らしめる必要性はないという経営者もいる。しかし、必ずしもそうではない。なぜなら地球環境への配慮や資源の再利用、高齢者への配慮など、企業の姿勢や考え方によって他業種とのコラボレーションが可能になり、業界の壁を越えた地域づくりに貢献することができるからである。つまり、市民から見てわかりやすく、相談しやすい企業のイメージができ上がるわけである。

　従来からの企業イメージを払拭するのはたやすいことではない。そうだとすると、自社の商品を差別化し、広く市民にアピールすることのほうが何百倍も効果的なはずである。壊して造るだけというこれまでの建設業界のイメージと、地域密着企業を目指しているという姿勢だけでなく、メディ

ア戦略として地域のテレビ・新聞・雑誌等の活用、イベントへの参加等を通して自社商品の普及など具体的な活動へと発展させる能力である。

4 将来の人材を育成する指導者の能力

(1) 指導者の能力の必要性

　将来の企業をつくっていくのは誰か、それは現在の経営者をはじめ経営幹部、そして一般社員である。これはあたりまえのことのようであるが、企業の多くではあいまいにされている。何があいまいにされているのかといえば、「将来の企業づくりに通用する人材を誰が育てるのか」という点である。もちろん、育てなければならないことは理解していても、すぐに行動が起こせないのが実情である。

　特に「誰が育てるのか」については、多くの企業で対応が遅れている視点である。それは、指導能力が経験によって培われるものではないからである。いたって簡単な論理だが、理解している人は非常に少ない。

　この視点に立ち、将来の企業づくりに必要な若手を育てる指導者の能力を以下の5点に整理してみた。

(2) 若手の価値観を理解し、受け入れる能力

　指導者に必要な能力としてまず、価値観を挙げたい。価値観といえば人それぞれであるが、個人の価値観を企業に持ち込むということではない。

　例えば、よく若手の髪型や髪の色が取り上げられることがあるが、若手にしてみれば、「あるスターと同じ髪型や髪の色にしたい」という欲求は普通であり、それ自体に問題はない。なぜなら、それが若手の価値観だからである。そして、公私の区別ができている若手は、就業時の髪型と休日の髪型を区別することができる。

ところが、若手の行動パターンも変わりつつあり、休日のままの髪型で就業してしまうケースが増えている。ついうっかりが、"まあいいか"となり、その後はずるずると放置され、経営者や経営幹部の目にふれて初めて問題となるケースがある。

　こうなると若手側からは、普段は身近にいる上司が見過しているのに、「なぜ突然、問題になるのか？」という不満が出てくる。若手にも問題があることは事実だが、それを見過ごした指導者に問題はないのだろうか。このような場合、個人の価値観を仕事に持ち込んだ若手だけが後味の悪い思いをし、指導者は責任を追及されないのが現状である。

　ここで言いたいのは、個人の価値観を組織の中に組み込めということではなく、指導者であれば若手の価値観を知り、固定概念にとらわれて決めつけたように「その髪型はだめだ」などと誹謗することは避け、そうした考えもあると受け止めることが必要なのである。さらに、組織の価値観をわかりやすく説明し、彼らの行動につなげることも指導者の能力である。横柄な指導者には若手はついこない。例えば、挨拶をすることは当然重要なのに、部下や作業者に対して自分から挨拶をしない指導者が、いくら会議やミーティングで挨拶することを推進したところで、部下が従うはずもないのは当然である。

(3)　基本となるルールやマナーを認識させる能力

　中小建設企業の場合は社内ルールを明文化せず、徹底されていない場合が多い。経営幹部が親族であったり、家族的な雰囲気であったりすること自体は問題ではないが、そうした組織構成によって社内が独善的、放任的になってしまうことに問題がある。「暗黙の了解」という言葉で片づけてしまえば簡単であるが、なかば公然と公私の区別をしないその姿勢を問いたいのである。

　当初は、社内ルールがあるにもかかわらず守られていない、これではルー

ルはないに等しいと嘆いていたプロパーの社員も、いつしかこうした企業風土に慣れ、自然に同化してしまうのである。

　こうした事態は悪いことに、社内や現場では気づかないものである。それがたまたま外部の人と接したときに自分の愚行に気づけばよいが、気づかない場合はビジネスに支障を来すことになる。これでは、自分のルールが通用する環境で日々活動していると、新たな市場や異業種の人たちとの人間関係が構築できなくなるおそれが出てくる。

　こうした状態を変えるには、指導者が襟を正し、自ら率先垂範し、毎日若手の手本となる行動を示すことである。ところが、語学の習得等と同じように継続しないのが常である。一度染みついてしまったものはそう簡単には変えられないものであるが、変える方法がないわけではない。

　この状態を変えるのは、指導者自身が社内の嫌われ者になることを覚悟のうえで、新風を吹き込むことで変えることもできる。なぜなら突然、今までの言動を変え、それを社内で推進しようとするからである。

(4) 若手の弱点をつかみ、正しく方向づけする能力

　ここでいう指導者能力は、決められたステップによる訓練を必要とする。その手順としては次に示す①から⑦を繰り返し実施することである。

① 若手に日々の行動計画を立てさせる（1週間程度）。
② 行動計画に沿って若手の行動を観察する。
③ 計画どおりにいかないことをリストアップする。
④ リストアップ内容の原因を分析、または面談で確認する。
⑤ 若手本人、指導者、組織、システム等の原因ごとに整理する。
⑥ 若手本人に起因する原因を説明して理解させる。
⑦ 理解したことを踏まえ、次の行動計画を立てさせる。

　若手を育てるということは単発の勉強会では完了しない。最低でも6か

月、普通は1年というスパンで考える必要がある。

　まず、若手の弱点をつかむために、上記①〜⑦のようなステップによる訓練を繰り返し実施する。その間に指導者は分析の結果、できないことに対する対応策を提供しながら、必要に応じて勉強会等を開催する。若手に押しつけるだけの学習方法では成功しないが、若手の納得できる方法であれば必ず耳を傾けるはずである。強引に進めないこと、失敗を責めないこと、そして何よりも若手を理解することである。

(5)　論理的な思考で、内容に一貫性のある会話ができる能力

　中小建設企業の社員には、日常生活の中でも他人と対等に会話ができない人が少なくない。ここでいう会話とは、双方向で意思の疎通を図ることであり、一方の話に相槌を打つだけでは会話とはいわない。著者がこのような会話の指導をする際に、会話によるコミュニケーションがとれているか否かをたずねてみることがあるが、必ずといってよいほど「とれている」と即答される。しかし、実際は波風を立てずに相手の話を聞き流している場合が多く、決して相手の発言に納得しているわけではない。また、かといって腹を立ててはお互いに不愉快になり、今後やりにくくなるのであれば、相手に合わせたほうが楽だという心理が働くのである。

　そこで、会話に興味を持たせ、楽しく会話がはずむようにするためには、次のような知識の習得、訓練が必要になる。

① 新聞を深く読む
② 歴史に興味を持ち、名所・遺跡めぐりや自然との触れ合いで精神の安定を図る
③ 時事用語の理解
④ 読書
⑤ 異業種交流

指導者は、さらに広い視野で物事を見て、自分の力量を磨く必要がある。上記①～⑤にあげた内容はどれも難しいものではなく、ごくありふれた内容である。建設マンである前に人間であり、建設業という殻の中だけで生活するわけではない。要は指導者としての時代感覚を養い、人間性を磨くことである。

　さらに、以下のような点にも留意して会話を進めなければならない。

① 客観的に物事を判断するモノサシを持つ。
② 物事の道理を説明できるようにする。
③ 業務を標準化する。
④ 問題解決能力を磨くために、トラブルや目標未達成に対して自分の方策を提案する。

　会話を途中で終わらせないためには、情報の内容を充実させるだけではなく、会話に一貫性を持たせることである。経緯、背景、そして展開、結末、その根拠など会話を進める際、交換する内容は非常に多いはずである。

(6) 市場ニーズの変化に合わせた方策を描く能力

　営業、工事、管理などすべての部署、全社員が市場ニーズに関心を向けることがまず前提である。そこから商品・サービスが生まれ、営業活動に展開していくことができるからである。指導者はこのような視点を持ち、従来の目の前の業務だけに集中し、結果として肝心な将来への取組みを後回しにするという思考回路は切断する必要がある。

　ほとんどの企業は、必ずといってよいほど自社の方針に「顧客満足」を掲げている。ところが、具体的な方策がほとんど見えてこない。人間は興味がないものには関心を示さない。「顧客ニーズ」「市場ニーズ」に関心を示さないのも当然である。

　指導者であるならば、市場の変化に柔軟であること、言い換えれば市場

ニーズ、顧客ニーズの把握に貪欲でなければならない。なぜなら、そうしたニーズの中から、今、企業が必要としている情報を入手して活用することができるからである。対応策である「処方箋」は、自分がそのデザインを描き、試行錯誤を繰り返す中で生まれてくるものである。

第3節

指導者を活かすための法則

1 指導者を活かす

　指導者の位置づけに対する考え方とそのシステムを変えることで指導者を活かすことができると考えられる。例えば、これまでのように資格さえ取ればよい、現場経験を積めばよいという考え方を根底から覆し、経営に参画させる、新しい事業に挑戦させる、地域の活性化に貢献させるなどして人材を創造するのである。そして、そのような人材の育成ができるか否かの重要なカギを握っているのが指導者教育なのである。

　企業の雇用拡大に関しても、指導者の使命だと考える必要がある。つまり、企業は「社員を活かして使う」ことを真剣に考えなければならない。

　指導者は人材創造の「かなめ」ともいえ、指導者教育の位置づけとその方向性を明らかにし、最優先課題であることを認識する必要がある。以下では、指導者教育のための環境づくりを通常の業務と識別することで、違った角度から指導者教育というものを考えてみたい。

2 企業の経営課題に指導者教育を据える

(1) 将来にわたる経営課題の重要性

　企業の経営課題には、当面の収益にかかわる問題と、経営者が目指す企業づくりなどの将来にわたる問題の2つがある。

　「当面の経営課題」を具体的にいうと、どのようにして受注を確保するか、確保した物件でどこまで原価が抑えられるか、いかにして抱えている現場責任者を効率よく回せるか、そして、設備など機械の稼働率をどのようにすれば上げることができるかなどが挙げられる。

　また「将来にわたる経営課題」としては、不良資産の処理、直営作業員の雇用問題、新規事業への進出等が考えられるだろう。しかし、大多数の企業にとっては緊急な経営課題ではないと判断され、その取組みは後回しになっている場合が多い。

　ところが、これほどまでに外部環境が激変する現在、将来の企業づくりの遅れが企業存続への致命傷となる場合も考えられる。

　つまり、そう考えると当面と将来の2つの経営課題を解決するためには同時に着手することが必要になってくる。一般的に建設企業では、指導者教育は将来の経営課題の1つにはなっているが、その優先度合いは非常に低い。というのも、現在の建設企業では経営課題そのものがまったく欠けていたり、あっても形式的な設定になっていたりと、とても成果を期待しているとは言い難い状況にあるからである。

　つまり、指導者教育に対する企業の考えや取組姿勢に、大きな問題があるということであり、結局のところ、将来ビジョン設定や経営者哲学を問うことになる。

　企業は5年先、10年先をどう読み、その中で進むべき姿を描き、その姿

を達成するための人材を組織化する必要がある。その牽引役ともいうべき人材をどうやって育成するかが経営者の手腕ともいえるだろう。そもそも企業にとって重要な人材を育成する指導者を外部に求めたり、現場経験の長い人材の中から求められると思っては大きな間違いである。なぜなら、指導者教育を通じて得られる成果は、企業の将来の姿を決定するからである。

例えば、家族的な小規模企業であれば、経営者自身が指導者になればよい。多くの社員を抱えた組織的機能を持つ企業では、指導者となるべき人材がどうしても必要になる。

しかし、ここで企業が間違いを犯すことがある。繰り返し述べることになるが、「現場経験を積んだ人材を指導者の任に就かせる」という大きな間違いである。その理由は、経営課題を認識した指導能力を有する人材であることと、現場経験の期間は決して一致しないからである。

指導者を創造することは経営者の責務である。どのように優秀な技術者であろうと、営業マンであろうと、それが指導者の条件にはならない。指導者は経験でその能力が培われるものではなく、指導者教育を受けることによってその能力が身につくのである。

企業は、指導者教育という経営課題をどのように位置づけて取り組むべきなのかを、まず明らかにする必要がある。さらに、指導者を企業家という位置づけでとらえることも、同様に重要な条件であるといえる。

(2) 経営課題における指導者教育の位置づけ

上記では、建設企業における指導者教育の位置づけが低いことを述べた。それでは、本来の位置づけはどうあるべきなのかを整理してみたい。

次頁の図は、公共投資に依存した地方の中小建設企業における経営課題の優先度レベルを表したものである。「A 当面の経営課題」では「【本業の再構築】」の中の「コストダウン」がレベル高である。まず、減少した受

● 経営課題の関連図

A　当面の経営課題

【本業の再構築】

- 受注拡大

　　　官
　　　①企画、提案力強化
　　　②重点政策への対応

　　　民間
　　　①マーケティング強化
　　　②差別化商品開発
　　　③アフターメンテナンス強化

- コストダウン

　　　コストダウン
　　　①コストマネジメント強化
　　　②施工体制強化
　　　③現場運営強化

優先度レベル高
　〃　　レベル中
　〃　　レベル低

B　将来にわたる経営課題

【本業の再構築】

- 組織の再構築

　　　人事戦略構築
　　　①トップマネジメント強化
　　　②人事方針の決定
　　　③経営システム再構築
　　　④指導者教育強化

　　　財務戦略構築
　　　①収益構造再構築
　　　②不良資産処分
　　　③投資計画策定
　　　④固定費見直し

【新規事業開発】　　　新規事業開発

第3節　指導者を活かすための法則

注物件であっても経常利益を上げることが先決であり、この取組みなくして経営はあり得ない。

そして、「B 将来にわたる経営課題」では「【本業の再構築】」の中の「組織の再構築」の「人事戦略構築」がレベル高である。「①トップマネジメント強化」から「②人事方針の決定」が行われ、「③経営システム再構築」を断行し、体制が構築できたところで、将来の人材となるべき指導者を育てる。その後は指導者が中心となって機能別教育や若手教育を実施することになる。

(3) 企業家＝指導者

「指導者」という言葉だけを聞くと、若手もしくは技量の足らない人材に対してその教育を実施する者ととらえられがちである。具体的には、現場を通じてOJT教育を中心に据え、知識、能力を補完する意味においてOff JT教育を実施するということになる。

しかし、ここでいう指導者とは、前述したように将来を担うべき人材を育成する者を指し、新しい価値を創造できる人材とも言い換えられる。この段階までくると、もはや単なる指導者ではなく「企業家」ととらえたほうがよいかもしれない。その理由は、ある機能だけを兼ね備えた専門家でもなく、マネージャーでもなく、新たな事業を創業できるプロジェクトリーダーとしての意味合いが強くなるからである。

3 指導者教育のための環境づくり

(1) 環境づくりを任せるリーダー

指導者教育を優先度の高い経営課題として、指導者教育のための環境づくりを考える必要がある。その環境づくりとは次のような内容である。

① 「指導者教育」プロジェクトの設置と組織体制
② 「指導者教育システム」構築
③ 「指導者教育」活動の監視と検証・評価・見直し

　そこで必要になるのがこの環境づくりを指揮し、企業の成果につなげるプロジェクトリーダーである。決して安易に経営幹部や部門長を任命せずに、可能な限り経営者であることが望ましい。つまり、外部環境の変化に打ち勝つ「企業づくり」が任せられるリーダーでなければならないからである。

　これは経営者の責務の1つである。企業づくり、人づくり、指導者教育のための環境づくりは同義語と考えてもよいだろう。そこで環境づくりのポイントを整理すると以下のようになる。

(2) 「指導者教育」プロジェクトの設置と組織体制

　多くの建設企業の経営者には、プロジェクトという概念がなかなか理解することができないようである。それは受注から施工という過程以外は経験したことがないため、企業という組織の中に1つの方向性を持った集合体を構成するということがまったく理解できないのかもしれない。

　指導者教育の必要性を感じ、実施しようと考えるのであれば、プロジェクトの設置は不可欠である。組織体制は新たな人員で構成するか、現状の人員に兼務させるか、そのいずれにするかは経営判断となる。いずれにしても、従来と異なる業務を強制するのは必至になるため、かなりの統制が必要になる。兼務の場合は従来の業務を隠れみのに怠る場合が多く、責任追及もあいまいになる。内部だけで実施しようとすること自体問題ではないが、外部機関等から新たな能力を持った人材を投入するほうが、費用対効果の面ではプラスである。

(3) 「指導者教育システム」構築

　情報収集や知識習得のために指導者を外部研修やセミナーに参加させることで教育を終えたと考えている企業も少なくないが、これではまったく意味がない。大事なことは習得後の社内での指導者教育プランや指導者教育ツールが確立されていることである。つまり、指導者の能力向上を含めた全社人材育成システムが構築されている必要がある。そのシステムは、指導者だけでなく機能別業務習得者および若手の教育も対象にして、その後の指導者による教育に連動したものでなければ意味がない。

　指導者を特別扱いすることはないが、将来の企業づくりの牽引役という職責を担っているという立場を考えると、かなりの負担を強いられるため、それに見合った報酬を与えることが必要である。それだけに客観的な評価が必要不可欠である。それには長期にわたるプロセス評価を伴うため、数値のみを判断基準にすることは危険である。したがって、評価する側にも重大な責務があるといえる。

　さらに指導者をやる気にさせ、活かしていこうとしていることが明確にわかることが必要である。なぜなら、形だけの評価や基準が不明確な評価では、指導者としての職責を全うするための動機づけにつながらないからである。最後までやり遂げる「動機」がぜひとも必要である。高い志を持った社員であれば、金銭的な報酬だけでなく、その取組み自体に「動機」を見出すであろう。

　年齢を考慮するとシステムが複雑になり、そのシステムをつくるだけで大変なので、機能に報酬を連動させればよいのである。例えば、指導者教育を受けた後に、指導者による教育を計画どおりに実施した場合、教育を受けた若手が目標を達成した場合、または、未達成に対する教育ニーズの抽出・再計画づくりができた場合など、その機能プロセスごとに報酬を設定するのである。このように各プロセスの評価を明らかにすることで、指

導者のインセンティブを設定することができる。

4 業務と指導者教育を識別した取組み

(1) これまでの考え方を変える

これまでの建設企業では、各機能ごとに業務を遂行することがあたりまえで、ある種ルール化されていた。しかし現在、企業課題の1つとして、このような各機能ごとの業務の遂行という形を壊さなければならない状況になってきている。これまでの考え方を変えるのは容易なことではなく、大きくは「総論賛成、各論反対」という形になって現れるだろう。

しかし、各機能ごとに業務を遂行することが深く根づいているため、これまでの考え方を変えること、言い換えれば業務システムを変えること、新たな業務を開発することに対して目に見えない抵抗が働くことになる。そこで、通常業務の整理やシステム化に取り組み、そのうえで業務と指導者教育を識別する。その結果として現われてくる成果においては、プロセスと結果それぞれがまったく異なることを明確にしなければならない。

そこで以下では、業務と指導者教育の目的、教育によって指導者としての能力を習得した後の責務と権限について確認しておきたい。

(2) 業務と指導者教育の目的

業務遂行の目的とは、企業が求める成果を達成させるために、日々決められた仕事を行うことである。また、指導者教育の目的は、企業が描いた将来の姿に近づけるために、決められた能力を習得していくことである。そして、その能力がもたらす効果で受注拡大やコストダウン、新規事業開発に展開していくのである。

ただし、いずれも企業が求める方向性が明確になっていることが前提条

件であり、企業の目的と連動していなければならない。このことは全社員への動機づけとして重要な要素である。

よく、「なぜ、このようなことをやらなければならないのか」という質問を耳にすることがある。すると同僚社員や上司は「会社が考えていることは、よくわからない」といって会社の説明不足を指摘するが、あながち否定できない面もある。経営者がこのような指摘を真摯に受け止め、十分な説明をする必要がある。

(3) 教育によって指導者としての能力を習得した後の責務と権限

上記(2)では、目的に着目して説明したが、その目的をただ理解すればよいのではなく、目的とそれを達成する手段を明らかにしなければならない。その際、「その場になってみなければわからない」という手段はあり得ない。なぜなら、仮にまったく手探りで実施したとしても、その後の手順は標準化され、繰り返されることで目的に照らして見直され、改善されていくからである。

手段は意思決定や目標設定といった判断基準に基づくことが重要である。そのためには、指導者教育によって能力を習得した後の責務や権限を明確に設定し、運用しなければならない。

その責務とは、指導者自身が目標数値を達成することや、指導した社員が目標を達成させることなどである。そして、その責務に対する評価を達成したか否かで、報酬、あるいはペナルティーを与えるという形で明確化されることが大切である。

また、権限とは、目標の達成に向けて各プロセスごとにクリアしなければならない基準を設定し、その基準に基づいて監視・統制を行い、仮に基準に満たない場合には、新たな方策を提示しながら問題解決を図っていくことである。

これらの責務と権限は、業務上の責務と権限とは異なるものであり、当

然、両者の職務に就いた場合には、確実に職務を分け徹底したスケジュール管理を行って業務を遂行すべきである。

第5章

人材創造のシステム

- ●人材創造システムの構築
- ●人材創造システムの運用

第1節 人材創造システムの構築

1 人材創造システムの基本

　人材創造システムの基本は、企業の将来目指している方向性と合致していることである。したがって、経営システムの中の経営機能に沿って構築しなければならない。

　経営システムの経営機能については、拙著『建設経営革命』で詳しく解説しているため、ここでは割愛するが、人材創造システムを構築するに当たって、まず理解しなければならないのは次の2つである。

① 時間とコストをかけ、企業づくりのための人材を創造することの重要性
② 企業における「人材創造システム」構築の必要性

　多くの建設企業では、いまだに「システム」という言葉自体に抵抗感があるようだが、組織で活動する以上は避けて通ることはできない。そこで、人材を創造するための基本的な考え方、および体系的システムの概要を提示し、具体的なステップアップの方法とそのポイントを整理していく。

2 人材創造システムの概要

まず、人材創造システムの概要を表したのが**図表1**である。

●図表1　人材創造システムの概要図

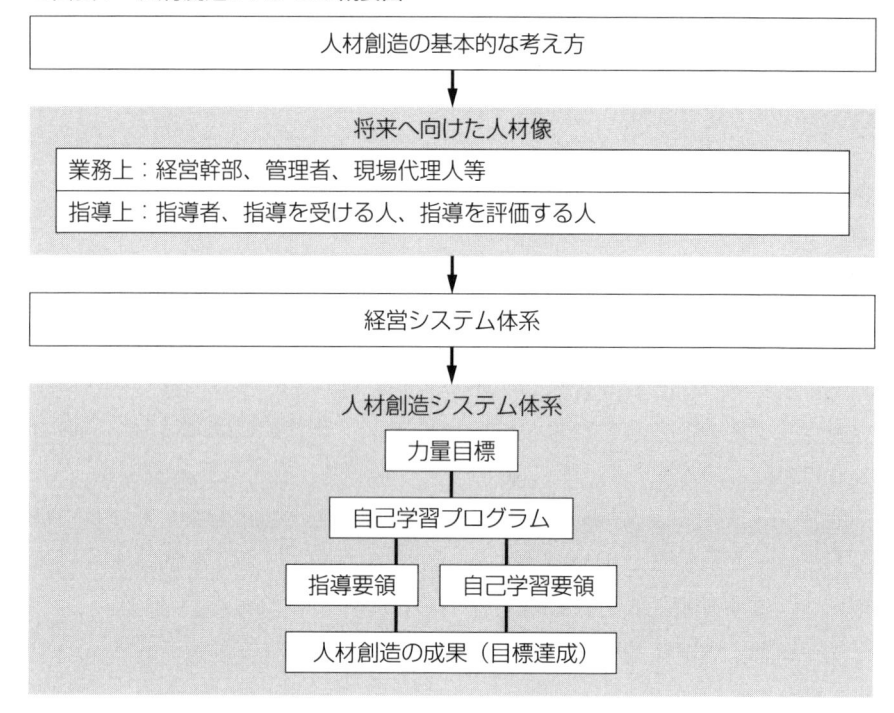

```
┌─────────────────────────────────────┐
│         人材創造の基本的な考え方          │
└─────────────────────────────────────┘
                    ↓
┌─────────────────────────────────────┐
│          将来へ向けた人材像              │
│ ┌─────────────────────────────────┐ │
│ │業務上：経営幹部、管理者、現場代理人等  │ │
│ ├─────────────────────────────────┤ │
│ │指導上：指導者、指導を受ける人、指導を評価する人│ │
│ └─────────────────────────────────┘ │
└─────────────────────────────────────┘
                    ↓
┌─────────────────────────────────────┐
│            経営システム体系              │
└─────────────────────────────────────┘
                    ↓
┌─────────────────────────────────────┐
│         人材創造システム体系             │
│            ┌────────┐               │
│            │ 力量目標 │               │
│            └────────┘               │
│         ┌──────────────┐            │
│         │自己学習プログラム│            │
│         └──────────────┘            │
│     ┌────────┐  ┌──────────┐       │
│     │ 指導要領 │  │自己学習要領│       │
│     └────────┘  └──────────┘       │
│       ┌──────────────────┐         │
│       │人材創造の成果（目標達成）│         │
│       └──────────────────┘         │
└─────────────────────────────────────┘
```

(1) 人材創造の基本的な考え方

　人材創造の条件の1つは、企業の基本的な考え方に一貫性がなければならないということである。また、創造する人材は自社の社員であるため、創造した人材の活動や、その成果に対する全責任は経営者にあるということを忘れてはならない。

「一貫した考え方」があることによって、採用の際にその人材の能力を判断することができ、組織内での人材配置をする場合に適切な対処ができるはずである。
　次の**図表**2で重要なポイントを解説する。

●図表2　人材創造の基本的な考え方

人材創造の定義	人材創造の基本的な考え方
～建設市場の開拓とこれからを生き抜くために～「自ら考え、自ら進む方向を見つけ、自ら行動できる人材を創造する」	①仮説構築で将来の姿を描く
	②顧客の利益を確保するためのサービスを顧客とともに考え、企画を提供しながら顧客満足を得る
	③標準化と継続的改善を正しく評価し、科学的管理により成果につなげ、人材のインセンティブに反映させる
	④目的を理解し、目標を持って業務に当たり、自己責任意識を持つ
	⑤技術革新を追究し、ラインとスタッフの資源効率を最大限に活かす
	⑥マネジメントを機能させ、組織運営を通じて成果を上げる

　建設市場の開拓とその市場で生き抜くためには何が必要なのか、そして、どうすればよいのか。そのカギを握っているのが「自ら考え、自ら進む方向を見つけ、自ら行動できる」人材である。
　なぜなら、時代の変化に遅れることなく市場経済に適応できなければ、今後、建設企業の存続は確約されないからである。そのためには、これまでの閉鎖的かつ政官の庇護のもとにあった建設業界と業界の市場原理から脱し、あえて厳しい経済環境に挑戦する人材が必要になってくる。
　その経済環境に挑戦する人材を創造するための基本的な考え方を6つに整理して解説する。

1　企業将来の姿を描いて仮説を構築する
　組織内部のことにとらわれすぎてしまうと組織の将来が見えなくなる。

将来を予測するためには、経営環境の変化を知り、市場ニーズをつかむなど、社外へ目を向けることからスタートする必要がある。言い換えれば、今、なぜ経営改革を推進しなければならないのか、その必要性を自問自答し、企業の将来の姿を描いてみるということである。
　そして「描いた姿」、つまり仮説を組織内部で議論し、理解を得ることである。したがって、組織内部で理解が得られるように自己の意見を確立しておくことが重要である。

② 顧客満足を得るために「利益確保のためのサービス」を考えて企画を提案する

　利益確保のためには手段を選ばないような戦略をとっていないか。つまり、企業倫理に反していないかである。企業の利益を確保するために顧客の利益を追求して顧客満足を得る企画を提案したり、自社業務の効率化を図らなければならない。
　また、顧客の難しい要求に対しては、それが自社の糧となると考え、尻込みせずにポジティブ思考で対応する必要がある。

③ 標準化と継続的改善を正しく評価し、システマティックな管理で成果につなげ、人材のインセンティブに反映させる

　営業・工事部門にかかわらず、ほとんどの建設企業の社員は「現場が仕事を覚える早道だ」といわれ、現場勤務に張りついていることもまれではない。確かに現場では、机上では決して得られない貴重な経験もできるため、現場経験を決して否定することはできない。
　そこで、現場情報をデータベース化・標準化し、次の現場でその標準化されたデータに基づいてチェックすると、当然、相違点が出てくる。そこで基準となるデータを得るためにはどうしたらよいかという問題を解決せざるを得なくなる。つまり、効率化を図ることによってその精度も上がり、結果として、継続的改善を実施していくことになる。
　そして、その結果を「できた」「できなかった」という客観的判断で評価する。このように誰にもわかりやすい判断で評価することも社員のやる

気の向上につながる。

4 目的と目標、そして自己責任意識を持つ

　業務に取り組む姿勢として、当然、真面目さや一生懸命さ、そして気配りなどが必要であるが、それ以上に必要なのが取組み途中のプロセスと最終的な結果に対して責任を取ることである。

　そのためには必ず実行しなければならないことが2つある。1つ目は、業務の目的を持ち、目標を立て、それを果たすためにその手段を講じることである。2つ目は、その手段に変更や新規追加が求められた場合には、原因を追及したうえで対応することである。

　つまり、自己に基づくすべてのことから決して目をそらさないようにしなければならない。この姿勢が自己責任意識を芽生えさせ、自己統制という形になって現れるのである。

5 技術革新を追求してラインとスタッフの資源効率を最大限に活かす

　建設企業を経営していくうえで、技術革新は必要不可欠な条件である。たとえ提供するサービスがその時代にそぐわなくても、顧客に受け入れられる限りは提供し続けなければならない。反対に、受け入れられなくなったときは、やめざるを得なくなる。

　したがって、大企業でなくても技術革新は継続していかなければならない。企業によっては組織の中に開発機能がある場合もあるが、中小建設企業のほとんどは、個人レベルでその機能を兼務しているのが現状である。そのような兼務という状況の中では「開発機能」そのものが理解されていなければ、技術革新にはつながらない。

　具体的には、現場の第一線で活躍する営業や工事のラインと、そのラインをサポートするスタッフが一体となって、技術革新の扉は開かれるのである。

　年々減少を余儀なくされ限られる人材で、企業の活性化を促し、技術革新意識を醸成するには、最大の効果を上げられるような環境づくりとサ

ポート体制が必要である。

[6] マネジメントを機能させ、組織運営を通して成果を上げる

　マネジメントに関しては、現実問題としてほとんどの中小建設企業がその成果を得ていない。しかし、まず、マネジメントが機能することを「企業の常識」、つまり、基本的な考え方として受け止めることが重要である。

　なぜ、中小建設企業のマネジメントは成果につながっていないのだろうか。その最大のネックは、顧客や業者等をはじめとしたあらゆる外部に対して、組織としての対応ではなく個人として対応していることにある。

　組織で対応するためにはマネジメントが機能していなければならない。そして、そのマネジメント機能が、マネージャーという人材を介して個人の能力向上を組織向上に反映させるのである。また、マネージャーは、個人と組織をマネジメントすることにより、企業利益につながる取組みを構築できなければならない。

(2) 将来に向けた人材像

　人材創造の基本的な考え方がわかったところで、次にその考え方に従って、将来に向けた人材像を明らかにするということについて解説する。

　ここでは、人材像の対象を著者独自の区分により次の2つのカテゴリーに分類してみた。

　① 職種、役職、担当別業務の人材像
　② 指導者、指導者を評価する立場の人材像

　なぜ、このような分類にしたのかといえば、特に中小建設業の場合、企業によっては入社5年程度で指導者的立場の人材もいれば、経営幹部であっても指導者的立場にない人材もいる。そして、指導者的立場であってもその指導を評価される側の立場でもある。そこで指導を受ける立場の人材像はもちろん、こうした両側面の立場にある人材像を明確にすることで、今、企業に必要とされる人材が具体的に浮び上がってくるのである。人材

像を明確にする過程で重要になってくるのが、客観的判断基準や指導者の責任感等を評価する人材の能力である。

図表3の体系に従って将来へ向けた人材像を**図表4**で明らかにする。

● 図表3　業務上、指導上の人材像識別体系

			業　務　上					指導上	
A 経営幹部	B プロジェクトリーダー	C 機能別業務遂行者	(1)営業機能		(2)生産機能		(3)管理機能	D 指導者	E 指導を評価する人
			営業機能責任者		生産機能責任者		管理機能責任者		
			ライン	①戦略営業担当	ライン	①現場代理人	スタッフ	①総務担当		
				②商品開発担当		②原価管理担当		②経理担当		
			スタッフ	③アフター担当	スタッフ	③購買管理担当	ライン&スタッフ	③財務管理担当		
				④顧客管理担当		④施工管理担当		④人事管理担当		

　A経営幹部は業務上、戦略的方向性を設定する位置づけにある。また、C機能別業務遂行者の活動に問題がないかを監視し、逸脱していれば軌道に戻す役割もある。

　そして、Bプロジェクトリーダーが人材創造を遂行することになる。特に力量目標設定、教育計画立案、活動監視、統制、差異分析、見直し案提示といった取組みに関しては専門分野である。また、営業や工事などの部門を横断的に管理し、指示命令を出すため、機能別責任者とのリレーションシップをとる必要がある。つまり、指示命令系統が2つ発生することになるが、その場合、Bプロジェクトリーダーが機能別責任者をマネジメントすることになる。

第1節　人材創造システムの構築

機能別業務の責任は機能を統括する機能責任者にあるが、必ずしも業務内容に精通しなければできないというわけではない。特にマネジメントをするに当たっては、これまでの機能重視の業務経験主義の考え方から脱却することが大切である。
　さらに、(1)営業機能と(2)生産機能は、ラインとスタッフの役割を明確に規定し、ラインの責任でスタッフは活動するため、スタッフ自身が主体的に機能することはない。
　(3)管理機能に関しては、(1)営業機能と(2)生産機能をサポートする総務と経理以外に財務管理、人事管理があるが、戦略的な意味合いの強い財務管理、人事管理はラインとスタッフをかかえることになる。
　各機能のライン間は戦略的なかかわりがあるため、機能別責任者はＡ経営幹部からの指示を受けることになる。
　以上のように、将来へ向けた人材像は、経営システム体系とも密接に関係する。なぜなら、現在の人材のままでは経営システムを機能させることはできないため、将来へ向けた人材像の実現に向かって経営システムを機能させることが前提だからである。
　以上が機能することによって、「人材創造システム体系」が実現する。その過程をまとめると、次頁の５つのステップに整理することができる。以下、その具体的内容を解説することにする。

● 図表4 将来へ向けた人材像

識別体系			人材創造の基本的な考え方	将来へ向けた人材像
A	経営幹部	1	仮説構築で将来の姿を描く。	①現在の市場ニーズをつかみ、将来の市場ニーズを予測できる。 ②①および過去の実績から判断して、自社の進むべき姿を描ける。
		2	顧客の利益を確保するためのサービスを顧客と一緒に考え、こちらから企画を提供しながら顧客満足を勝ち取る。	
		3	標準化と継続的改善を正しく評価し、科学的管理により成果につなげ、人材のインセンティブを喚起する。	
		4	目的を理解し、目標を持って仕事に当たり、自己責任意識を強く持つ。	組織構成員の意識を企業の目的に向けさせ、動機づけさせることができる。
		5	技術革新を追求し、ラインとスタッフの資源効率を最大限にもっていく。	
		6	マネジメントを機能させ、組織運営を通じて成果を上げる。	経営環境の変化を時系列で監視し、業務構成員の活動を統制することができる。
B	プロジェクトリーダー	1	仮説構築で将来の姿を描く。	
		2	顧客の利益を確保するためのサービスを顧客と一緒に考え、こちらから企画を提供しながら顧客満足を勝ち取る。	
		3	標準化と継続的改善を正しく評価し、科学的管理により成果につなげ、人材のインセンティブを喚起する。	
		4	目的を理解し、目標を持って仕事に当たり、自己責任意識を強く持つ。	企業の目的を全社員へ伝え、目標のブレイクダウンを通じて具体的な活動へ展開させることができる。
		5	技術革新を追求し、ラインとスタッフの資源効率を最大限にもっていく。	

		6	マネジメントを機能させ、組織運営を通じて成果を上げる。	①改革のプロジェクトを組織化し、統制により目標を達成させることができる。 ②横断的なマトリックス組織を1つの方向へ向かわせ、組織パフォーマンスを上げることができる。
C	機能別業務責任者	1	仮説構築で将来の姿を描く。	市場調査および実績データ分析を通じて機能別戦略を構築し、提案できる。
		2	顧客の利益を確保するためのサービスを顧客と一緒に考え、こちらから企画を提供しながら顧客満足を勝ち取る。	サービスを定義づけ、差別化した企画商品へ方向づけできる。
		3	標準化と継続的改善を正しく評価し、科学的管理により成果につなげ、人材のインセンティブを喚起する。	①業務の標準化を推進できる。 ②標準化との比較を客観的に評価できる。 ③成果と報酬を連動させる。
		4	目的を理解し、目標を持って仕事に当たり、自己責任意識を強く持つ。	目的と手段を識別できる。
		5	技術革新を追求し、ラインとスタッフの資源効率を最大限に持っていく。	①必要な機能別業務を設計できる。 ②業務量に応じて資源の配置を統制できる。
		6	マネジメントを機能させ、組織運営を通じて成果を上げる。	①マネジメントサイクル(PDCA)を回せる。 ②組織構成員の行動を監視し、システムどおりに機能させ、成果につなげる。
D	指導者	1	仮説構築で将来の姿を描く。	共通 ①プレイングマネージャーとして業務を遂行できる。
		2	顧客の利益を確保するためのサービスを顧客と一緒に考え、こちらから企画を提供しながら、顧客満足を勝ち取る。	
		3	標準化と継続的改善を正しく評価し、科学的管理により成果につなげ、人材のインセンティブを喚起する。	②若手の育成を計画的・組織的にサポートできる。
		4	目的を理解し、目標を持って仕事に当たり、自己責任意識を強く持つ。	

		5	技術革新を追求し、ラインとスタッフの資源効率を最大限に持っていく。		③外部環境の変化を読み取り、企業の舵取りに必要な経営課題を設定でき、提案できる。
		6	マネジメントを機能させ、組織運営を通じて成果を上げる。		
E	指導を評価する人	1	仮説構築で将来の姿を描く。	共通	①決められた人材創造システムを内部監査できる。
		2	顧客の利益を確保するためのサービスを顧客と一緒に考え、こちらから企画を提供しながら、顧客満足を勝ち取る。		
		3	標準化と継続的改善を正しく評価し、科学的管理により成果につなげ、人材のインセンティブを喚起する。		②指導を受ける人の成果に結びついていることと指導者のサポートが機能していることを客観的に評価できる。
		4	目的を理解し、目標を持って仕事に当たり、自己責任意識を強く持つ。		
		5	技術革新を追求し、ラインとスタッフの資源効率を最大限に持っていく。		③教育ニーズを抽出できる。
		6	マネジメントを機能させ、組織運営を通じて成果を上げる。		

3 人材創造システム構築のステップ別内容

ステップ 1 「力量目標」の設定

　これまでは、中小建設企業において人材育成といった場合、その対象は現場代理人が中心であった。時には、階層別教育も見受けられるが、管理者層と監督者層の階層別教育となるとまれである。いずれも年に1回実施するかしないか程度で、企業の規定を満たすための研修がほとんどであり、その多くは、予算化された費用の消化や計画書に基づく実施を目的としたものである。仮に、そのような意識で毎年実施しているのであれば、単なる費用の無駄遣いであり、実施しないほうがよいであろう。

教育を実施する場合、それによってどのような力量をどのレベルまで習得させるのかが明確になっていることが重要である。また、教育を実施した結果、企業の成果が上がったか、企業や自身がどのように変わったのかなどを時系列で追って明確に評価することが重要である。そうすることで次の力量レベルの設定や目標設定、結果の判断基準の目安となり、さらなるステップアップへつなげることができる。

　そこで**ステップ1**では力量目標を設定する。その設定に当たってのインプット、力量目標設定までの取組みプロセス、アウトプットを手順化する。

●インプット

① 人材創造の基本的な考え方
② 将来へ向けた人材像の姿
③ 経営システム体系（経営機能体系と業務システム体系）

●プロセス

① 人材創造の基本的な考え方の理解
　　　⇩
② 目指すべき自己の人材像の確認
　　　⇩
③ 経営システムによる力量目標の設定
　　　⇩
④ 自己の現状レベルの把握（力量目標に対する）
　　　⇩
⑤ 力量目標の達成へ向けた優先課題の設定

●アウトプット

① 力量目標の設定
② 力量目標の達成へ向けた優先課題の設定

1　人材創造の基本的な考え方の理解

　企業は、153頁の**図表２**「人材創造の基本的な考え方」を業務遂行者、指導者など全社員に提示するだけではなく、説明して理解させなければならない。資料を配付するだけで済ませようとしたり、メモを読むだけの説明では意味がない。

　例えば、具体的に一例をあげて解説するなどして企業の考えを確実に伝え、どのような人材を創造するのか、そして、企業自体がどう変わればよいのかを明らかにする必要がある。

　そのうえで、考え方に同意できない社員は、その場で離籍させるくらいの姿勢を持って臨むべきである。つまり、単なる情報伝達ではなく、これらを理解するということは、企業の将来を見据えた場合、非常に重要であることを社員全員に植えつけるのである。

2　目指すべき自己の人材像の確認

　上記1では、「人材創造」という経営改革に挑戦する意思を確認した。次に自己をどのような姿に変えていくかを考え、確認しなければならない。自己のスキルアップを念頭に置いた社内転属等も視野に入れ、目指すべき人材像をイメージする必要がある。

　時々、将来に向けた人材像を示さずに、ただ「変わらなければならない」という経営者がいるが、この場合は、まず経営者自身が変わる必要がある。なぜなら、経営者が示す人材像が、企業や社員を変えるための拠り所となるからである。

3　経営システムによる力量目標の設定（**図表５**参照）

　ここではまず、経営機能別の業務項目ごとの期待値から、企業として到達すべきレベルを提示する。

　次に該当する項目の有無を確認し、力量目標基準に従い目標を決定する。例えば、到達すべきレベルまでを目標とするのか、そのレベルの一部を除くものを目標とするのか、レベルの一部だけを目標とするのかということ

● 図表5　力量目標設定（記入例）

部門（○○部）役職（主任）氏名（△△△△）

経営機能			業務項目	期待値	該当有無
A 原価管理機能	1) 予算作成機能	(1)予算統制機能	①契約内容確認	●契約書および設計図書等顧客の要求事項を契約後に引き継ぎ、内容に不備がないかを確認する。	
			②評価、指示予算作成および指示	●目標粗利益に基づいて標準予算書を評価し、相場および取引先の見積書等で妥当性を確認のうえ指示予算を作成および指示する。	
		(2)施工検討機能	①契約内容確認	●契約書および設計図書など顧客の要求事項を契約後に引き継ぎ、内容に不備がないかを確認のうえ引き継ぐ。	
			②契約内容確認、指示	●同上。また、重要なポイントを指示する。	
			③現場調査・変更内容抽出及びVE提案作成	●現場固有条件に沿った形で調査し、設計仕様と比較のうえ変更内容を抽出する。施工検討会資料となる仮設および施工VE提案を作成する。	○
			④施工検討会の開催	●施工方針を決定するために現場責任者に施工検討資料を作成・説明させる。参加者から専門的なアドバイスを得てまとめる。	
			⑤施工方針決定	●予算および施工において予測できる内容をすべて確認のうえ最適な施工方針を決定する。	
		(3)実行予算作成機能	①見積り依頼	●工種別、要素別に比較可能な様式で発注条件を明確にして見積りを依頼する。	
			②標準予算作成	●統制された標準単価および標準歩掛りで与えられた設計仕様を加味し、標準予算を作成する。	
			③実行予算書（案）作成	●指示予算に基づいて施工検討会で決定した施工方針および工事部門で作成した実績歩掛り等を加味し、検討のうえ実行予算書（案）を作成する。	○
			④実行予算書作成	●実行予算検討会で承認された実行予算書（案）に変更記述があれば修正のうえ最終の実行予算書を作成する（清書）。	
		(4)実行予算検討機能	①コスト削減案の立案	●指示予算とのギャップをうめるために、コストダウン対策を立案する。	○
			②実行予算検討会の開催	●実行予算書（案）作成後、関連部署のメンバーを招集のうえ内容を説明し、コスト削減方法について意見交換する。参加者から専門的なアドバイスを得てまとめる。	
			③承認	●目標粗利益に基づく経営判断のうえ最終実行予算を決定・承認する。すべての経営判断情報を明確にし、決定する。	

凡例1　力量目標基準　3：期待値と同じレベルを目標とする
　　　　（合意目標）　2：期待値には一部達成しない目標とする
　　　　　　　　　　　1：期待値に連動する基礎的な目標とする
　　　　　　　　　　　0：担当していない、させていない

力量目標基準			本人評価				上位者評価				本人と上位者との食い違い理由	合意目標			力量目標
3	2	1	3	2	1	0	3	2	1	0		3	2	1	
○				○				○			なし		○		①現場調査結果の整理 ②設計仕様との比較から変更内容抽出およびVE提案 ③施工検討会資料の作成
○				○					○		実態に沿った単価設定、歩掛り設定ができていないため、積上げに根拠がない		○		①現場の条件や施工の難易度の把握 ②実態に沿った単価、歩掛りの設定
	○			○				○			なし		○		①指示予算の理解 ②コストダウン手法の理解

凡例2　現状評価基準　3：期待値どおりに達成できている
　　　　　　　　　　2：期待値の一部が達成できていない
　　　　　　　　　　1：期待値の多くの点で達成できていない
　　　　　　　　　　0：担当していない、させていない

である。

そして、直属の上司など上位者の評価基準に従い、その目標設定の妥当性を評価してもらう。その方法として一番効率的なのが面談方式である。なぜなら、仮に聞き取りの際に上位者との食い違いが生じた場合でも、その原因等を明らかにして記録に残し、本人と上位者が合意のうえで力量目標を最終決定することができるからである。

④ **自己の現状レベルの把握（力量目標に対して）**（図表6参照）

自己の現状レベルを知るには、事実に基づく根拠を明確にすることから始めなければならない。それには自己申告と上位者の評価の両面から、現状力量を明らかにする必要がある。そのうえで力量目標と現状力量との差異を抽出するが、この分析は大切なプロセスであると同時に非常に難しい作業でもある。自己を含めて判断基準となるモノサシがそれぞれ異なるため、あくまでも事実をベースに分析することが客観的な評価につながる。

⑤ **力量目標の達成に向けた優先課題の設定**（図表6参照）

差異分析を通じて本人の弱点が明らかになるため、分析後も常に上位者はこの差異に注目し、監視していく必要がある。なぜなら、この「差異」が教育を必要とする原点だからである。

そして、差異に対して力量目標の達成に向けた課題を設定する。それぞれの課題は、取り組む順序によっては、成果につながる場合とそうでない場合があるので十分留意する必要があるが、系統的に整理することで、その順序は明確になり、優先課題を決定することができる。

ステップ2　「自己学習プログラム」計画の立案（図表7参照）

具体的にどういう習得活動をすることで力量目標を達成させるのかを明らかにすることである。まず、力量目標の達成に向けた優先課題に基づいて具体的な習得内容を計画立案する。

注意しなければならないのは、この習得内容で実際の活動が評価できる

● 図表6　現状分析と優先課題設定（記入例）

部門（○○部）　役職（主任）　氏名（△△△△）

力量目標	現状力量	差異抽出（できていないこと）	力量目標の達成へ向けた課題	優先度 A	優先度 B	優先度 C
①現場調査結果・整理	●標準様式に基づいて現場調査を実施後、施工検討会資料の一部として整理している。	●なし	●なし			
	●ただし、工種・用途等により抜けが発生するなど指摘を受けることがある。	●現場調査項目の抜けが発生している。	●工種、用途等による現場調査項目を整備する。	○		
②設計仕様との比較から変更内容抽出およびVE提案	●顕在化している内容以外施工時に気づくのが実態である。	●施工前の変更内容の把握が不十分である。	●施工前の設計仕様との比較から変更内容を抽出する。	○		
	●そのつど、顧客と協議して変更に対処しているため、現場作業に手待ちが生じている。	●顧客との協議も受け身であり、こちらが主導権を握った変更ができていない。	●顧客との協議をこちらが主導権を握り実施する。		○	
	●VE提案は、先輩・上司にサポートしてもらって作成しているのが現状である。	●VE提案は、まだ自ら作成できない。	●VE提案を行う。			○
③施工検討会資料の作成	●施工検討会資料は不十分なままである。	●企業が求める施工検討会資料が不十分である。	●施工検討会へ向けた資料を作成する。	○		

（注1）現状力量は、自己申告にて作成後、上位者による評価を行い、事実に基づく根拠を明らかにする。
（注2）優先度　A：直ちに着手すべき課題
　　　　　　　B：Aの課題に続いて着手すべき課題
　　　　　　　C：全社員、あるいは他のメンバーの協力の下、実施すべき課題

第1節　人材創造システムの構築　167

●図表7　自己学習プログラム（記入例）

部門（○○部）役職（主任）氏名（△△△△）

優先度	力量目標の達成へ向けた課題	習得内容（どのようにして習得するのか）
A	施工前の設計仕様との比較から変更内容の抽出	《OJT》物件発生時に実施 ●担当する物件に基づき、指定様式へ変更内容を記載させる。 ●上位者へ提出後、両者で内容を検討する。 ●内容が不十分な箇所については修正させる。 《Off JT》土・日曜日を使って勉強会を実施する。 ●上位者の過去の物件事例を使って、着眼点や比較すべき点などを学習する。
B	VE提案	《SD》 ●VEの基礎について、「社内図書」を使って自己学習する。特に手法や考え方について学習する。 ●簡単な例題をこなし、VE提案の全体像を把握する。 《Off JT》土・日曜日を使って勉強会を実施する。 ●上位者の過去の物件事例を使って、VE提案のポイントや顧客のメリット、当社のメリット等ついて学習する。
A	施工検討会資料の作成	《Off JT》土・日曜日を使って勉強会を実施する。 ●上位者の過去の物件事例を使って、準備すべき資料やその内容について、説明を受けながら学習する。

ように作成することである。つまり、具体的な習得内容であることが大切なのだが、中小建設企業の場合、どうしても抽象的な内容になる傾向がある。そのため、計画書はもちろん「自己学習プログラム」計画も形式的なものになり、実際活動に至らないままになってしまうことが多い。

これからのスケジュールを計画するためにも、習得内容ごとに期限を設定することが重要である。

ステップ3　「指導要領」の作成

指導者にとって必要となるのが「指導要領」である。当然、初めて指導

期限	平成19年												備考
	1月	2月	3月	4月	5月	6月	7月	8月	9月	10月	11月	12月	
1月	→												
1月	→												
1月	→												
3月	――→												
6月				――→									
6月				――→									
8月							――→						
3月	――→												

を任される社員であっても、それを見れば指導を行うことができるものでなければならない。この指導要領には、指導目的など最低限の内容、指導ツールとして準備すべき資料等を提示しておく（**図表8**参照）。以下では、指導要領の項目に沿って説明していく。

1 **指導目的**

「指導目的」とは、言い換えれば「企業は、なぜ指導するのか」ということである。それは、①将来必要となる知識や能力、②培ったノウハウ、③新たに開発した技術など社員に習得させることによって、社員一人ひとりのスキルを向上させ、業務効率、生産性の向上を図り、企業利益に反映

● 図表8　指導要領の内容

1．指導目的
2．指導適用範囲
3．指導サポート体制
　(1)指導サポート組織

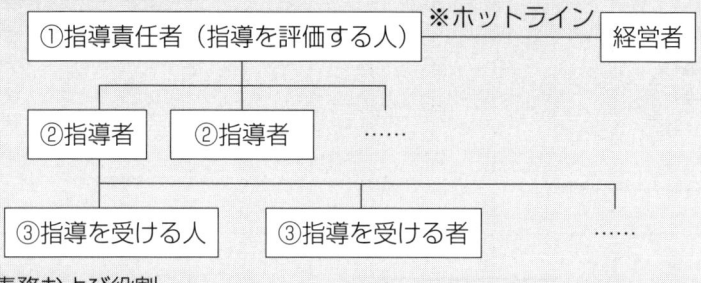

```
    ┌─────────────────────────┐ ※ホットライン ┌──────┐
    │①指導責任者（指導を評価する人）│ ─────────── │経営者│
    └─────────────────────────┘               └──────┘
         │
    ┌────┴────┬──────────┬────────┐
  ┌─────┐ ┌─────┐      ……
  │②指導者│ │②指導者│
  └─────┘ └─────┘
     │         │
  ┌────────┐ ┌────────┐
  │③指導を  │ │③指導を │    ……
  │受ける人 │ │受ける者│
  └────────┘ └────────┘
```

　(2)責務および役割
　　①指導責任者
　　②指導者
　　③指導を受ける者
4．実施内容
　(1)指導フローチャート
　(2)指導項目ごとのインプット、アウトプットおよび記入例
　(3)指導項目ごとのサポートポイント
5．指導手法
　(1)面談方式
　(2)差異分析法
6．指導関連資料一覧

させるための目標である。

　特に①に関しては、社内講師では機能しないことが多いため、外部機関を通して養成することが望ましい。②と③に関しては、企業内部でも実施できる。

2 指導適用範囲

「指導適用範囲」とは、指導しなければならない対象者は誰か、また、指導しなければならない範囲・内容のことである。例えば営業機能、生産機能、管理機能の3つの機能に携わる社員だけでよいのか、または、全社機能である全社経営管理機能、全社運営機能に携わる役員や専門職の社員も含まれるのかなど、対象者とその適用範囲・内容を決定するということである。

この指導適用範囲は、企業が強化すべき機能は何なのかということでもあるため、経営方針と連動し、また、将来の企業のあり方にも大きく影響する。したがって、対象者を若手に限ってしまったり、ある一定の機能に携わる社員に限定したりするなど、安易に決定してはならない。

3 指導サポート体制

「指導サポート体制」とは、経営者を含めた経営幹部がつかんだ実情を分析し、新たな方向づけができるような指導体制にすることで、決して指導者に全任される指導体制にならないようにすることが重要である。

そのために企業側は、指導者が短時間でも最大限の効果を出せるような環境づくりをしなければならない。つまり、これまでのように、指導を受ける側に配慮した環境づくりから、指導者に配慮した指導環境づくりへの体制変更が求められているのである。

「指導サポート組織」は、指導責任者を中心に機能別指導者を配置する必要がある。そして、指導者に対しては、指導要領を使用して、その内容を理解するまで説明会や勉強会を繰り返し行い、指導者としての力量が備わった者にだけ資格を与えるようにし、決して妥協してはならない。

指導上の「責務および役割」は、指導責任者、指導者、指導を受ける者の3者に分け、それを各々明確にする。

指導責任者は、企業の経営方針に基づき、将来必要とされる人材を創出するという責務を負い、指導者を統制し、指導の成果を上げるのが役割で

ある。また、経営者とのホットラインを通じて方向性のズレや力量低下を生じさせないよう情報を共有化する必要がある。

　指導者は、指導責任者のもとで指導要領に沿って指導を実施する。指導を受ける者の力量を把握し、目標達成に問題があるとわかれば早期に軌道修正させるなど、力量目標の達成のためのサポートを行う。

　指導を受ける者には、自己目標として設定した力量を達成させなければならない。仮に達成できない場合は、その非は指導を受ける者自身にあることを認識させることが大切である。

4　実施内容

　指導の「実施内容」とは、まず、指導フローチャートで指導項目を抽出して順序立てを行うが、その際は指導項目ごとのインプット、アウトプットを明らかにし、帳票一覧表で整理することが大切である。その方法は、指導上のポイントを指導項目ごとに抽出し、マトリックスで一覧表にするのである。

5　指導手法

　指導手法の中でも重要な2つの手法について解説する。

　1つ目は、面談方式である。面談方式の重要なポイントは、指導者は自己の考えを説明する前に相手の知識や能力の力量の程度を把握することである。それは、相手の力量の程度をいかに把握できるかが力量目標の設定ポイントとなるからである。

　この力量目標が設定できたら、その目標に近づけるための方策を立てることである。指導を受ける者がやらなければならないことが中心だが、指導者からのサポート事項も加味する。これらすべては面談方式によって行われる。

　この方式で注意しなければならないのは、必ず相手、つまり指導を受ける者の話に耳を傾けることである。特に自分がこれまで結果を出し、自信がある指導者は、自己の考えを押しつけ相手の話に耳を貸さないなど自己

中心的になる場合が多い。そうすると指導を受ける者の能力レベルを把握できないのはもちろんのこと、的確な問題点に対する指摘ができなくなる。

2つ目は、差異分析法である。これは目標を達成するために立てた方策に対して、実際はどう活動したかを比較分析のうえ差異を抽出し、差異の原因を特性要因別に探りながら、教育の必要項を抽出するのである。実行したかしなかったかも分析項目の1つであるが、手順や内容に言及することが重要である。このように、方策の立て方が結果に大きく影響するため、企業にとって適切な方策を立てることが重要である。

6 指導関連資料一覧

指導上で参考となる資料をリストアップすると、社内で作成した標準書、情報誌、管理文書の他、合法的判断を要する場合は各法律関係書類等が必要となる。

ステップ4 「自己学習要領」の作成

これまでの指導実態では、指導を受ける者が指導者に対して質問できないという事例が多い。その理由としては、まず、その指導を受ける者が内容を理解できていないため質問すらできないケース、指導者の威圧的な態度の前に屈してしまうケース、そして、指導者に対する反抗意識によるケースなどが考えられる。そこで、この「自己学習要領」では、そのような場合、誰に、どのようにしてサポートを受ければよいかなど、わかりやすく解説している。「待つ」という、いわゆる受身の体制で学習を進めるのではなく、自分から学習するという能動的な心構えがなければ身につかない。そのためには、楽しみながら学習できる環境づくりやサポートを受ける場合の「あれこれ」も解説したものであることが望ましい。

学生時代では常に指導者が教育環境をつくり、理解度の確認テストも実施することで段階ごとの知識の習得ができ、卒業という目的を果たすと同時に教育も終了した。ところが企業に入社すると、学習しなければならな

いという縛りはなくなり、周りからの規制もないにもかかわらず、常に学習することが求められる。

　自己学習の意義は、自分自身のこれからの将来のためでもある。建設企業の経営環境の現状は常に倒産の危機にさらされているといってもよい。仮に倒産した場合は何が重要になるかといえば、これまでの自分自身のスキル、つまり知識や能力である。

　自己学習の効果を企業の目標達成に向け、その結果を成果につなげるために必要となるのが「自己学習要領」である。そこで以下では、「自己学習要領」の作成について**図表9**の例に沿って説明する。

1　自己学習の目的

　自己の力量を向上させようというエネルギーは、誰しもが持っているはずである。企業の中で自己が目指す姿に到達したいと願う気持ちは、他人から押しつけられたものではなく、自己の思いである。そう考えてみると自己学習意欲も湧いてくるのではないだろうか。

　自己学習は企業から与えられて行うのではなく、企業の方向性に対して、共に目標を達成したいと願う心が、不足した知識や能力を習得させるのである。

　裏を返せば、企業の方向性と自己が異なる場合は、転職するのも1つの選択肢であるし、現在の業務の中で専門分野を活かすというのも方法である。ただし、企業にとって不要な人材となった場合は、当然、退職せざるを得ない。

2　自己学習の適用範囲

　自己学習も業務の範疇である。そして将来、企業にとって必要となる知識や能力については、企業側が明確にすることが重要である。企業の方向性が本業中心なのか、それとも新規事業も手がけていくのかによっても、必要となる知識や能力が大きく異なる。企業の方向性が漠然としていては、社員は何を目指せばよいのかがわからないばかりでなく、自己学習すべき

● 図表9　自己学習要領の内容

1．自己学習の目的
2．自己学習の適用範囲
3．自己学習サポート体制
　(1)　自己学習サポート情報

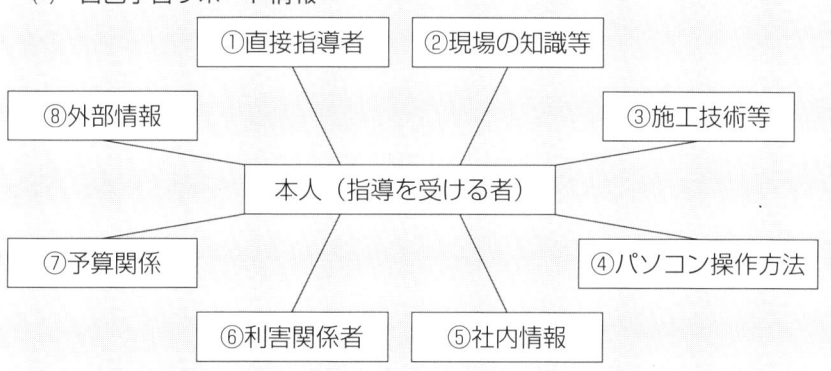

```
        ①直接指導者    ②現場の知識等
⑧外部情報                        ③施工技術等
            本人（指導を受ける者）
⑦予算関係                        ④パソコン操作方法
        ⑥利害関係者    ⑤社内情報
```

　(2)　自己学習サポート活用ルール
4．自己学習の実施内容
　(1)　自己学習フローチャート
　(2)　自己学習項目ごとのインプット、アウトプットおよび記入例
　(3)　自己学習項目ごとのポイント
5．自己学習手法
　(1)　情報活用方法（インターネット）
　(2)　情報活用方法（データベース）
6．自己学習関連資料一覧

力量目標を設定することができない。

③　自己学習サポート体制

　今後は、これまでのように、企業側から一方的に教育環境を与えられるというようなサポート体制は期待できないであろう。なぜなら、企業が本来、自社が求める知識や能力を備えた人材を雇用するか、社員が自分で知識や能力を習得するか、そのいずれかになるからである。したがって、い

まだに多くの建設企業が実施している「経験を通じて育てる」指導環境は根本的に変える必要がある。

将来に向けた企業の目指す姿が明確に設定され、それに必要な知識や能力が提示されれば、次は自分が目標とする姿に向かった自己学習が機能すればよく、一方企業は自己学習をサポートする体制を構築することになる。

自己学習の基本は、業務を抱え、さらに企業が求める新たな知識や能力を習得し、企業の成果や自己の力量を向上させ、企業はそれに対して地位や報酬という形で応えなければならない。

そこで次に、自己学習の環境にはどのようなものがあるか整理してみる。

●自己学習サポート情報

① 直接指導者
② 現場の知識等
③ 施工技術等
④ 予算関係
⑤ パソコン操作方法
⑥ 利害関係者
⑦ 社内情報
⑧ 外部情報
⑨ その他情報

●自己学習サポートの活用ルール

① 自己学習時間と場所
　自己学習時間は業務外時間と休日となる。場所は社内および自宅が基本となり、外部機関の講習会やセミナー等も併用すべきである。
② 自己学習方法
　目標管理方式を中心に据え、机上での事例シミュレーション方式やテ

スト、実践訓練によって行う。
③　自己学習アドバイザーとの対応

　　直属の上司あるいは部門長にアドバイザーになってもらい、自己学習計画時（目標設定を含む）や中間報告時にチェックを依頼する。あくまでも確認をしてもらう形なので、チェックしてもらう時間等の事前確認や、計画書・報告書の作成は自分で行う。

④　自己学習成果の評価・報酬

　　アドバイザーによるチェックにより計画に対する習得状況は把握できるが、その結果が企業の目指す方向に近づいているのかいないのか、新たな地位や報酬を与えるに値するかしないのかについては、企業として判断することになる。

4　**自己学習の実施内容**

　次に自己学習の実施内容（手順）を明らかにする。まず、自己学習フローチャートで自己学習項目を抽出のうえ順序立てを行う。その際に、自己学習項目ごとのインプットおよびアウトプットを明らかにし、帳票一覧表を作成して整理する。

　自己学習を行ううえでのポイントを自己学習項目ごとに抽出し、マトリックスで一覧表にする。

5　**自己学習手法**

　ここでは情報活用方法について説明する。まず、インターネットを活用する方法は、欲しい商品をインターネット上で取引するのと同じ要領だと考えればよい。欲しい情報にアクセスし、必要に応じてダウンロードする。会社にいれば、いつでもアクセスが可能であり、相当な情報量が確保できるはずである。

　ところが、これらの情報が確保できたからといって、自己学習効果が上がったわけではなく、あくまでも問題を解くカギを得たに過ぎない。つま

● 図表10　自己学習結果報告（記入例）

部門（○○部）役職（主任）氏名（△△△△）

優先度	力量目標達成へ向けた課題	自己学習結果（計画と実績対比）	終　了
A	施工前の設計仕様との比較から変更内容の抽出	《OJT》 ● 変更内容を記載 ● 上位者へ提出後、両者で検討 ● 数箇所内容不十分につき、修正のうえ再提出、確認 《Off JT》 ● 1月、3月は実施せず、2月は1回のみ実施、4月に2回実施（ツールの準備が整わないのと上位者の時間がとれないことから）	1月 1月 1月 4月
B	VE 提案	《SD》 ● 社内図書を使って隔週の日曜日に実施 ● 例題個所は、隔週の日曜日に実施 《Off JT》 ● 7月は1回、8月も1回実施	4月 6月 8月
A	施工検討会資料の作成	《Off JT》 ● 1月、3月は実施せず、2月に1回のみ実施。4月に2回実施。準備された資料に従って作成方法を学習	4月

り、このカギを使って分析という扉を開けることで答えを導き出さなければならない。インターネット取引では商品という答えを提供してくれるが、人間の知識や能力を向上させるには、情報の連鎖や分析が必要不可欠である。このような IT を活用した学習方法は、これからさらに進歩を遂げ、学習していくうえでなくてはならないものになると思われる。

平成19年												差異抽出	原因分析	新たな課題
1月	2月	3月	4月	5月	6月	7月	8月	9月	10月	11月	12月			
→												●なし ●なし ●なし		
		→										●勉強した工種は理解できたが他工種は不安	●経験不足と勉強量が足らないため	●他工種による変更内容の抽出
			→	→								●なし ●なし		
					→							●理解できず	●覚えるべき内容が多いのと段取りや施工方法の知識が不足しているため	●継続
	→											●なし		

　また、データベースの活用方法も同様である。様々な条件の中で、有力な条件設定により集合体がある指標を提示する。例えば、歩掛り情報は施工性や現地条件、契約条件に基づいて工種ごとに生産性指標を提示する。その指標から施工方法等との相関関係を導き出すことにより、利益、工程、方法という3つの指針を提供することができるようになる。

第1節　人材創造システムの構築

● 図表11　人材創造の成果（目標達成）検証と評価（記入例）

部門（○○部）役職（主任）氏名（△△△△）

力量目標	自己学習後の力量
(1)現場調査結果の整理	● 部門内で現場調査項目の整備が行われて標準化されたため、情報共有化後は項目の抜けが発生することはない。
(2)設計仕様との比較から変更内容の抽出およびVE提案	● 施工前の設計仕様との比較から変更内容の抽出については不十分である。 ● 部門内でシステム検討中につき、力量は変わらず。 ● まったく不十分である。
(3)施工検討会資料の作成	● 作成すべき資料およびその作成方法は理解できた。

6　自己学習関連資料一覧

　自己学習を行ううえで参考となる資料をリストアップしてみると、社内で作成した標準書、情報誌、管理文書、その他に合法的判断を要する場合は各法律関係書類等があげられる。いずれも紙ベースのものよりも電子データ化されたもののほうが、管理という点からみても望ましい。

ステップ5　「人材創造の成果（目標達成）」の検証と評価

　このステップでは、自己学習の活動を検証し、さらに力量目標達成の検証結果、活動度合いおよび達成度合いを評価する。

　まず**図表10**では、自己学習プログラムに従って実施できたことを記載する。つまり、計画どおりに実施したかをチェックするわけである。計画どおりに実施できればすべてよしというわけではなく、疑問や反省も記載する必要がある。さらに計画と実績対比では、往々にして「計画どおりに実

差異抽出	新たな力量目標	自己学習度合い (%)	力量目標達成度合い (%)
●なし	●なし	ー	80%
●他工種においては不安。	●他工種においても、設計仕様との比較から変更内容の抽出。	80%	30%
●なし	●（継続）	ー	ー
●知識不足や実践的VE手法は理解できず。	●（継続）	50%	10%
●なし	●なし	80%	80%

施した」とか「問題なし」というようなコメントを目にするが、これでは検証にならない。事実の確認がいかに正確にできているかがポイントである。自己学習プログラムを成果につなげるためにも、PDCAを確実に回すことが重要である。

次に**図表11**では、力量目標と習得後の力量を対比し、差異を抽出しながら新たな力量目標を設定する。その繰り返しにより習得を確実にするわけである。検証後は習得度合いおよび達成度合いを数値で記載する。

第2節 人材創造システムの運用

1 指導責任者の責務と役割

　人材創造システムの運用は、通常の業務とは別の活動である。このために、スタートに当たっては十分な説明を行うとともに、定期的に習熟度合いをチェックしながらフォローすることになる。

　運用上で重要なことは、指導責任者となる人材のリーダーシップである。業務の繁忙さを理由に活動がストップすることもある程度想定したうえで統制しなければならない。つまり、監視体制を構築し、活動情報を定期的に入手し、活動が滞っている原因を素早くつかんで対処することである。

　「システム運用に向けて実際に活動するのは指導者他それにかかわる社員だから、あとは報告を待とう」という姿勢では成功しない。これでは、物事に取り組んでいる責任者としては、あまりにも危機意識が欠けている。しかし、だからといって、実施している途中で内容に対して口を差しはさむことではない。計画に対して実施されていないことや、そのまま放置されていることに対して、その危機意識を喚起させることがその対処方法となる。

指導責任者には責務と役割があり、時間だけかけて責任を果たさずに済まされるものではない。ただし、多くの中小建設企業では業務を兼務する場合がほとんどであるため、どうしてもその責任と役割が果たされないことが多いが、自覚することで責任の重さを認識し、決して妥協しないことである。また、統制をすることで憎まれ役となることが多いが、そういう人材が求められているのである。また、そうでなければ人材創造システムを成功させることはできない。そのためにストレスがたまりやすいが、経営者とのホットラインを持ち、情報を常に共有化しておく必要がある。

　さらに指導責任者には多くの情報処理が発生する。入力や出力であれば指示を与えるだけでよいが、情報分析では判断が必要となる。マネジメントにおいてもネックになるところであるが、判断によりグルーピングしたり識別といった処理を伴い、必ず絞り込みや結論づけが必要になる。

　人材創造システム運用は、他のシステムと何ら変わるものはないが、企業づくり、人づくりに直結するだけに、運用できなければ意味を持たないばかりか、反対に大きなダメージを受けることにもなりかねない。いわば、企業の将来を賭けた戦いだといっても過言ではないかもしれない。

　人材創造システムの運用を軌道に乗せるまでには多少の時間がかかる。システムを構築してもすぐに結果が現れるわけではなく、また、軌道乗せといったプロジェクトが必要になり、改革ではこのプロセスが重要になってくる。

　軌道乗せが成功すれば、次は維持（運用の見直し）をすることになる。維持しながら不都合なところは修正し、時代にそぐわないと思えば一部あるいは大部分を見直すことも考えていく必要がある。

　次に、軌道乗せと維持（運用の見直し）について説明する。

2 軌道乗せ

　軌道乗せプロジェクトとは、これまでのシステムをまったく変えたシステムで運用するときや経営改革を推進するときなどに適用し、その期間は3年が目安である。

　このプロジェクトには企業にとして危機意識を持って取り組まなければならないが、えてして担当者任せになる場合が多く、それでは危機意識を持っているとはいえない。

　さて、この軌道乗せプロジェクトの骨子を整理すると以下のようになる。

(1) キックオフ（軌道乗せプロジェクト立上げ）

　人材創造システムが構築できた段階で軌道乗せプロジェクトをスタートさせ、社員の意識を高揚させるねらいで全社的イベントとして実施する。

　"キックオフ"は、経営者の改革に対する姿勢や思いを全社員に伝える場であり、これからをどう生き抜くのか、生き抜くために全社員は何をしなければならないか、もし、この改革が途中で挫折した場合はどうなるかなどを説明する。さらに経営幹部やプロジェクトリーダーに決意表明をさせ、それぞれの取組み姿勢を確認する。

　このように経営者および経営幹部、プロジェクトリーダーの話を社員に聞かせることにより、一人ひとりの自覚を促し、新たな挑戦を受け入れさせるようにする。同調できない社員には、速やかに退職願いを提出してもらうくらいの覚悟が必要である。それは、改革に抵抗する社員への対応は予想以上に企業の体力を奪い、他の社員への影響を及ぼす結果となるからである。

(2) 全社員への周知活動

　キックオフで軌道乗せプロジェクトがスタートすると同時に約3か月程度をかけて、人材創造システムの全体像から指導要領や自己学習要領に至るまでの全体説明会や個別勉強会を実施する。このステップを怠った場合は改革が中途半端になったり、プロジェクトメンバーのみの活動で終わったりすることになるため、非常に重要なステップである。
　このように繰り返し実施することで、内容を十分に理解するために双方向で確認し合うことが必要不可欠である。
　えてして、システムをつくることに精力を使い果たし、いざ活動になると意欲が萎えてしまう場合があるため、キックオフ段階で目的の伝達は終了したと思わずに、繰り返し伝えることが必要である。指導の際に注意しなければならないのは、上位者は上から見下ろすような態度をとることがないように、理解するまで時間と手間を惜しまずに実施しなければならない。

(3) 試行運用開始、定期的検証

　約3か月間の全社員への周知活動の終了後、いよいよ試行運用開始となる。あくまでも力量目標を設定し、それを達成したいと願う人、つまり、指導を受ける者が中心となる。指導者はサポーターであり、彼らが必要なときに必要な情報を提供するだけでよい。
　試行運用では第三者評価を受けることをおすすめしたい。客観的な立場でシステムの運用状況を評価するには、利害が絡まない人材を採用するのが妥当である。定期的（月1回から2回）に運用状況、システム自体、指導者および指導を受ける者や指導を評価する側の成果等を評価・検証する。

⑷ 全社員に成果を発表

　成果は途中では評価できないという人がいるが、それはプロセス評価をすることを前提に方策を立てていないからである。

　例えば、ある段階で何に取り組み、どのような手順で実施しているのか、それによって何が変わったのか、どういう問題が発生しているのかなどの検証、つまり評価しなければならない内容は非常に多い。

　これらについて確認のうえ、期間を限定して全社員に報告する。その内容を一部掲示することによって、指導を受ける全員の進捗状況や他人との差異状況、企業として抱える問題等が浮き彫りになるという効果がある。

　企業は、指導を受ける者がやる気を持って取組みが持続できるようサポートするとともに、表面化する問題はもちろん、潜在化している問題にも言及する必要がある。なぜなら、進捗状況を把握するのが目的ではなく、成果が上がらない原因が何に起因したものなのか、例えば、指導方法や自己学習方法等を分析し、よりよい方向へ軌道修正することが必要だからである。

　こうした全社員に対する成果発表を半期ごとに行い、指導を受ける者は、そのつど目標設定や活動内容等を見直し、企業は指導者を含めた個別評価をすると同時に全社員に対して全体講評を公開する。

　さらに、1年ごとに外部の評価を加えることで、企業が取り組んだ内容を含めて検証する。

⑸ エンディング（軌道乗せプロジェクト終了）

　そして3年後、人材創造システムの全体像が理解でき、企業がPDCAを回すことができるレベルまで構築する。つまり、3年間1クールを目安として区切りをつけ、このプロジェクトを終了させる。そこで注意しなければならないのは「木を見て森を見ず」にならないよう、些細な問題を取

り上げて、軌道乗せ完了を妨げてはならない。

エンディングでは、成果に対する評価に重点を置き、頑張った人に対しては、それに対する評価を全社員の前で与えることである。それは具体的に、どこが評価のポイントになったのか、評価基準を含めて講評する。

3 維持（運用の見直し）

軌道乗せが終了した時点で新たにスタートするのが「維持プロジェクト」である。このプロジェクトは、期間を１年として運用し、その後は１年ごとに更新することになる。つまり、運用の見直しを１年ごとに行うのである。そこで以下では、維持プロジェクトの骨子を整理してみる。

(1) **維持組織の体制**

軌道乗せプロジェクトと維持プロジェクトの違いは、運営する組織の状態の違いがどこにあるかを明らかにすればすぐにわかる。例えば、所管をある部門に預けてしまう場合があるが、ルーチンワーク的な視点で管理することは避けなければならない。部門を越えて情報の共有化や意見交換が機能するのであれば問題にはならないが、かかわりがなくなることによってまったく関心もなくなり、意見や情報の交換がなくなるということも危惧されるからである。

両者の違いは人材創造システムの理解度にあるといってもよいだろう。維持プロジェクトにおける大きな特徴は、それぞれが管理業務も標準化され、判断行為も基準等の整備から客観的に実施できるというように、自己の立場を理解した行動がとれることである。

以上のことを踏まえて維持組織の体制を構築し、そのまま軌道乗せのメンバーを据えたり、新たなメンバーを加えて運用するなどの方策をとることも必要である。そして、所管をある部門に預けるのも１つの方策である。

(2) 運用の見直し

　維持といっても、目標設定や活動計画がないわけではない。維持プロジェクトを進めるうえでも、定量的な目標やその数値を達成するための定性的目標を掲げ、それを運用する。
　ここでは、1年間という期間内でポイントを絞って定期的に監視を行い、企業課題を設定し、優先課題に対する新たな対策を立てるということである。そして当然、全社員に対してその対策内容を浸透させることが重要である。

第6章

原点は「企業の胎動」

- ●経営哲学が人材を創造する
- ●経営哲学を核にした企業の「人材構想」
- ●人材創造は自己実現の場

第1節 経営哲学が人材を創造する

1 経営哲学という拠り所

　経営哲学について、著者なりに考えてみると、「人間として何が正しいかを表したもの」、あるいは「常識や今までに培ったことにこだわることなく、普遍的なこと、例えば、正義、努力、謙虚、思いやりなどを大切にした価値観を持つこと」ということができようか。

　今、企業が激化する外部環境の変化を乗り切るために組織を1つの方向に導いていくには、拠り所となる普遍的な経営哲学が必要ではないだろうか。そこで、企業の拠り所となるであろうキーワードを次にあげてみる。

① 閉鎖的な社会からグローバルな社会へ
② 地域に密着したサービスづくり
③ 顧客の利益を第一に考える
④ 感動を与える創造力
⑤ リスク回避のマネジメント
⑥ 倫理観
⑦ 未来の夢を叶える

⑧　自然への回帰

　ここまで成熟した現代社会で企業が「組織が一体となった活動」、つまり、事業を継続していくためには、経営者の確固たる経営哲学と、それを拠り所に活動する社員がいることが条件となる。競争の激化が加速する一方で、企業はそれに対応する経営手法を見つけられずにいる。

　このような現状だからこそ、経営者はその哲学を創造し、社員に浸透させ、さらに新たなものを生み出さなければならないのである。

　ここでいう経営哲学とは、将来の企業を継続するために企業が必要とするもの、また、必要条件を満たすものとは一体何なのかを考えていくことである。

　そこでまず、経営者がこれまでないがしろにしてきた経営哲学について明らかにしてみたい。そして、経営哲学が根底にある経営を実践していくには、現在の人材ではなく、新たなる人材を創ることが必要となる。つまり、その企業の経営哲学によって導き出された人材を創り出すこと、いわば人材創造の"胎動"が必要なのである。

2 経営哲学を核にした経営をしないのはなぜか

(1) 建設業衰退の軌跡

　建設業の衰退は、国内総生産（GDP）に占める建設投資額の割合に如実に現れている。今から27年前（昭和55年）にその割合は20％、建設投資額はおよそ50兆円を占めていた。ところが、その後は衰退の一途をたどり、いったん平成2年には18％と持ち直して建設投資額80兆円を超えたが、それからまた漸減し、平成18年には見込みで10％を下回って、いまや建設投資額は51兆円である。

　他産業に比べてもその凋落ぶりはひどく、原因を建設投資額の減少だけ

に押しつけることはできない。バブル崩壊後の他産業の回復状況を見ると、その原因は建設企業の「経営」格差によると言えよう。つまり、経営層の経営に対する姿勢、経営者としての責任意識に原因がある。

(2) 国策だった日本列島改造論

現在の建設業のシステムを構築した原点は日本列島改造論である。そもそも改造論の目的は、高度成長期に発生した都市部の人口過密や公害、物価上昇、農村の過疎化といった問題を解消するためであった。そのために、工業地帯の再配置や交通・情報通信網の整備をすることで、人やモノの流れを大都市から地方へ逆流させる地方分散政策を推進したのである。

ところが、この政策は建設業者を開発投資目当ての土地投機に走らせた。さらに政治家も選挙区への利益誘導の手段として公共投資を重ねていったことが、企業の本来あるべき「経営」という姿を停滞させてしまったのである。結果として、経営資源を準備し、処理さえすれば利益を確保できるといったシステムが、バブル崩壊まで続けられたのである。

特に地方経済を支えていたのは建設業であったため、地方は途轍もない大きなダメージを被る結果となった。国および地方自治体はバブル以降も積極的に公共投資を続け、その結果、多くの企業で経営がうまくいかなくなり、倒産という事態を迎えたのである。

(3) 市場原理のない競争環境

顧客の獲得を考えるということが、公共投資のような予算配分システムに基づいて、囲い込んだ市場の中で特命なのか、または競争なのかの議論であるべきではない。市場の潜在的なニーズに対して、どう攻めれば顧客を獲得できるのか、その過程の中で競争環境を創り上げるシステムをどのように構築するのかの議論であってほしい。

国土交通省が、市場の競争環境整備の推進に向けた活動をするとは到底

思えない。まして、公共投資削減策を講じてもなお建設業が守られていくとするならば、建設企業が自立した経営を実現することはないだろう。それよりも、ますます国の政策に翻弄され続ける建設企業の姿が浮かんでくる。

つまり、多くの建設企業に経営哲学がないことによって、将来をどう構築すべきかの議論がいつまでたっても沸きあがってこない。また、国や地方自治体など、誰かに頼ることで存在価値を見出そうとする姿勢が経営哲学を奪ってきたといえるかもしれないが、だからといって、今後、政府が経済総合対策を講じることはないであろう。

確かにある限られた囲いの中であっても競争環境はある。しかし、今はその囲いを壊して情報を開示するようなフリーマーケットに飛び込んでいく経営者がいない。とするならば、そうした環境に挑んでいける経営者を創出することが先決である。

しかも、他産業との経営格差を招いた現在、その差を埋めるには、この経営哲学を核とした経営を建設業協会や商工会議所等を通じて浸透させる以外に策はないであろう。

3 経営の拠り所となる経営哲学

(1) 経営哲学への抵抗

経営者の中には「経営哲学」と聞いただけで拒否反応を示す人も多いかもしれないが、経営哲学を持つことは、言い換えれば経営者の存在価値の1つでもある。つまり、これまで多くの建設企業が経営哲学を考えず、経営の拠り所を持たずにきたことが、今、企業継続の危機をもたらしているといってもよい。

ところで、企業にとって経営哲学はどう展開し、どのように現実の経営につなげるのか、改めて経営哲学という言葉について説明するが、その前

に経営哲学と混同しやすい言葉について記すことにする。
① 経営理念：企業の社会的な存在理由を表すもの。企業経営に対する基本的な価値観、信条のこと。
② 社是・社訓：企業で働く社員の指針となるもの。経営判断の拠り所や人材育成に影響するもの。
③ 信念・信条：ある思想を固く信じて動かない心。
④ 経営ビジョン：環境変化に適応した自社のあるべき姿。
⑤ 経営方針：環境変化に適応した目標、展望、戦略的方向性。
⑥ 行動指針：経営理念等に従って社員が行動するために記述されたもの。
⑦ キャッチフレーズ：経営者の意思を伝えるもの。

以上のように経営哲学とはまったく異なるものもあるし、とりわけ「経営理念」と混同している場合が非常に多い。

なぜ著者が、あえて上記のような言葉を列挙したのかといえば、「経営哲学」という言葉遊びをしている経営者が少なからずいるからである。

そこで、これらの言葉の位置関係と相互関係を整理してみると、下図の

● 経営哲学を核とした概念形成

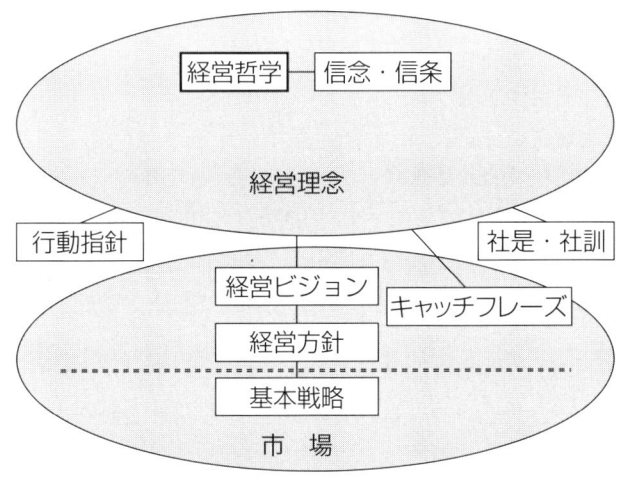

ようになると思われる。

この図では、経営哲学に類似した言葉を大きく2つに分類してみた。

上段は、経営の拠り所である経営哲学、信念・信条を核にして経営理念を構築していく精神論的な部分である。

そして下段は、経営の進め方である経営理念を基に、組織の構成員として守るべき社是・社訓や行動指針、そして、市場における経営ビジョンや経営方針を策定し、基本戦略へと展開していく具体的な経営手法を示す実践的な部分である。例えば、基本戦略には攻めるべき市場に対する拠り所という意味合いで対市場への方針を示す役割がある。

(2) 本質的な経営哲学

企業がこの経営哲学を改めて追求することに意義があるため、ある企業の具体的な経営哲学の例をあげて説明する。

●経営哲学の例

```
①  全社員一丸となって会社をつくる
②  素直な心を持つ
③  達成度を測る「モノサシ」を持つ
④  ベクトルを合わせる
⑤  自分から目標を掲げる
⑥  率先垂範する
⑦  自分の給料は自分で稼ぐ
⑧  約束を守る
⑨  有言即行
⑩  発想と創造
```

この10項目の経営哲学は非常にわかりやすく的を得たものである。なぜなら、人間として正しいことは何なのか、昔も今も変わらないことをわかりやすい言葉で端的に表現しているからである。

この経営哲学が言わんとしていることは、すべて日常業務の本質的なことであると同時に、具体的な行動を起こすための原点でもある。そして、これらの項目からはずれた場合、どのような処置を施すかを明確にしておくことが重要である。当然、はずれたことがシステム上で瞬時に突き止めることができ、ウヤムヤにされないようにしておく必要がある。組織の構成員の全員、つまり全社員が性善説に従って行動するとは限らないため、単に経営哲学を掲げるだけでは、経営哲学に基づいた組織形成とその維持はできないと思われる。

(3) 経営哲学を核とした経営理念、経営ビジョン、経営方針

　次に、経営哲学を拠り所にした経営理念、経営ビジョン、経営方針について考えてみたい。

●経営理念の例

> 「全社員が一致団結してさらに仕事をしやすい環境をつくる」
> ―全社員の生活を豊かにするための取組みと、人間性重視の地域社会に貢献する。企業利益の創造を通して心の豊かさを追求し続け、地域の経済発展と環境を守る。

●経営ビジョン

> ① 公共投資削減をチャンスととらえ、今後必要とされるプロジェクトに重点をおいた提案を当社の強みとする。
> ② 市場の拡大を目指し、異業種とのパートナー関係を構築する。
> ③ 顧客の潜在的なニーズをつかんだ問題解決型サービスを提供し、商品開発を通じて付加価値の創造を目指す。

●経営方針

> ① 改革重視のパートナーをつくる。

② 顧客が困っている内面に目を向けた取組みを実践する。
③ ターゲットを重点的にせめる活動をする。
④ 開発による環境破壊と自然との共生といった環境を守ることを区別する。
⑤ すべての社員が経営者意識を持つことを強化する。
⑥ 最後まで絶対に諦めず課題に取り組む。
⑦ 自己の能力向上を継続し、ポジティブな思考を持つ。

　以上のように経営哲学から経営理念、経営ビジョン、経営方針と関連づけて構築することによって、自分たちの目指す方向がイメージでき、具体的な活動に向けた戦略が構築できるはずである。外部および内部環境の分析が必要なことはいうまでもないが、それだけでは戦略は構築できない。なぜなら、どうしてそのような経営を目指すのか、これまでの企業戦略が将来にも通用するのかなどに応えることも戦略構築には必要だからである。

4 人材創造の胎動とその核となる経営哲学

(1) 経営哲学が人材に及ぼす影響

　それでは、経営哲学は組織構成員、つまり社員にどのような影響を及ぼすのだろうか。以下はその例である。
① 企業において、自分が目指すべきことを提供してくれる。
② 企業人である前に人間としてどうあるべきかを教えてくれる。
③ 自分が困ったときや悩んでいるときに勇気づけてくれる。
④ 人生を語る友となってくれる。

　これ以外にもあるかもしれないが、誰からも教えてもらわずに自己を律することができ、心の支えになることだけは間違いない。このように考えてみると、経営哲学は人材に及ぼす影響が大きいことがわかる。

(2) 自己を律し、自己の行動を変える

　そこで、企業の経営哲学の有無が社員の仕事の進め方や生活態度にどのようにかかわってくるのかを考えてみたい。例えば、次のような経営哲学を持っているＫ社と、まったく経営哲学を持たないＥ社を比較しながら考えてみよう。

- Ｋ社の経営哲学
  - ベクトルを合わせる。
  - 全社一丸となって事にあたる。
  - 意思決定の判断基準を明確にする。
- Ｅ社の経営哲学
  - 経営哲学を持たない。

　この２社の経営者の姿勢や態度は以下のとおりである。
- Ｋ社：①経営者が自己決定したことを率先垂範で実行している。
　　　　②経営判断の根拠を明らかにしている。
　　　　③社員の行動を経営哲学に照らして評価している。
- Ｅ社：①経営者が目の前の問題に立ち向わず、外出することで現実から逃げている。
　　　　②業績不振の理由を公共投資削減政策によるものであると責任転嫁している。
　　　　③仕事ができない社員をカットしている。

　以上のようにＥ社では、羅針盤を持たずに海に出た状態である。こうした状態がこれからも続けば倒産という形で座礁するか、または、大海原で漂い、やがて救助を待つのか、いずれにせよ資金繰りに追われて奔走するような事態になりかねないであろう。

　それでは、社員の仕事の進め方に、経営哲学のあるなしがどのように影響するのかを見てみる。

- K社：①部門を超えて検討し、合意しようとする。
  　　　②仕事の評価を指数化して実施する。
- E社：①発生したトラブルを部門内で処理してしまうため、他部門でも同様のトラブルが絶えない。
  　　　②仕事は経験則で評価するため、その評価基準は誰にもわからない。

　K社の仕事の進め方は組織で対処する方向へ向かうが、E社ではすべてが個人がベースである。いうなれば、E社ではナレッジマネジメントが機能しない状態にあるといえる。つまり、社員の活動は重複することが多く、非効率的ということである。

　この両社の比較から、経営哲学を持ったK社では、経営者および社員の行動のいずれもが、自己を律し、自己の行動を考える姿勢に変貌させているということができる。

(3)　人材創造の胎動を喚起する

　今、なぜ経営哲学を持つことが必要なのか。それは本質的な経営を推進していくことと、建設企業に携わる社員の知識や能力を市場原理の中で発揮し、磨いて欲しいからである。つまり人材創造である。

　例えば、社員に対して「あなたは、どうしてこの企業に入ったのですか」とたずねたとき、「御社の経営哲学に感銘を受けて入社を決意しました」「御社のような経営哲学を持った企業であれば自己実現できると思いました」というような答えが返ってくることなのである。それと同時に、社員にはいつも輝く目を持っていてもらいたいということでもある。社員の目が企業とは別の方向を向いているようでは、企業が思い描いている企業の姿を創り上げることはできない。

第2節

経営哲学を核にした企業の「人材構想」

1 地方の地域再生の遅れ

　平成15年12月19日、小泉純一郎首相を本部長とする地域再生本部によって「地域再生推進のための基本方針」が決定された。その目的は、「地域経済の活性化」と「地域雇用の創造」であった。この取組みは、国が一方的に支援するのではなく、意欲のある地域が自発的に地域再生を進めることにある。基本的な考え方は、「地域が自ら考え、行動する。国は、これを支援する」である。

　さて、都市部における地域再生は産業構造を飛躍的に革新させ、また、その経済効果も期待できる。そのため東京や大阪はもちろん、人口100万人以上の都市では、すでにその効果も現れてきている。景気の回復傾向が見られるのは、こうした都市部の牽引によるところが大きいといえるであろう。

　しかし、都市部に比べて地方では、都市部に本社を置く企業やフランチャイズ等の台頭はあるものの、いまだに地場企業の再生にはつながってはいない。特に地域を支える建設企業は、公共工事の削減により事業継続さえ

も危ぶまれるほどである。

　その原因は、新しい事業の立上げができないことと、現在の事業の根本的な改革が進まないことによる。いずれも経営哲学を持った経営者や時代感覚を先取りできる人材が不足しているからである。

　現在、前述した地域再生本部による取組みが成果を上げることを望みつつも心配な要素がある。それは、国、都道府県、地方公共団体の役割は明記されているが、肝心の民間企業の役割が明記されていないことである。これでは行政だけの取組みで終わることになる可能性がある。結局、民間企業は行政のもと「自助と自立の精神」「知恵と工夫の競争による活性化」といった言葉に踊らされ、真の構造改革は進まないことになりかねない。

　地方の経済を支えてくれる人材を早期に育て上げなければ、結局、永続的な地域の発展は難しいであろう。常に大都市に頼らなければ何もできない、あるいは誰かが手を差し伸べてくれるまで待つという姿勢が定着してしまう。最も地域に密着しているといわれる地場の中小建設企業が、人材創造に消極的である限り、地域再生はありえない。

　経営哲学がいかに重要かは前述したが、それでは、経営哲学と地域再生はどのようなつながりを持つのかについて説明する。そのうえで、地域再生へ向けてどのような人材が必要となるのか、どのようなパートナーを見つけ、地域を再生していくのかについて説明していくこととする。

2 経営哲学と地域再生とのつながり

(1) 地域再生のポジショニング

　経営哲学を核として、人材創造、経営改革、地域再生の位置関係を表したのが次の図である。この図は、経営哲学を核にして地域再生をみた場合、どのようにその影響が拡大し、地域再生に至るのかを表したものである。

●経営哲学と地域再生の概念図

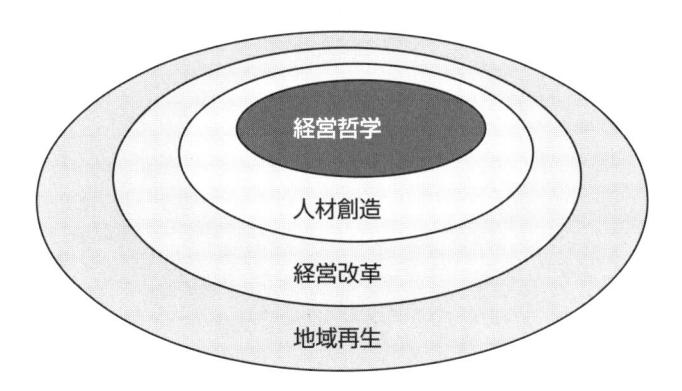

- 経営哲学
- 人材創造
- 経営改革
- 地域再生

　まず、経営哲学を掲げることによって社員の目指す方向性が決まる。その方向に向かって自己の能力を向上させることで、組織を動かす土台ができる。その土台をベースに様々な経営改革を推進することになる。したがって、ぐらついた土台では改革を推進することはできないばかりか、社員の雇用をも奪ってしまう結果になる。そこで欠かせないのが継続的な人材創造である。

　次に、自社の経営改革を推進する中で、地域において自社が変わるだけでよいのかという疑問がわいてくる。地域があってこそ建設業が存在するといってもよいほど、地場産業である建設業を支えているのは地域である。そこで目指さなければならないのは、経営改革の力を地域再生に向けて貢献することである。

(2) 企業の生き残りと地域再生のミスマッチ（不調和）

　以上、経営哲学と地域再生とのつながりについて説明したが、実際に多くの企業で経営改革の機運が高まるなか、企業の生き残りと地域再生においてミスマッチが生じている。

　それはどういうことかというと、企業が目指す方向と組織内部、つまり

営業や生産現場で実施していることとが異なっているということである。例えば、企業が目指す方向として「地域への貢献」という言葉をよく聞くが、そのために活動しているとはいえないのが現状だからである。

　やはり、企業人である前に人として大事なものを理解する必要がある。ミスマッチが生じる原因は、「人としての存在価値を問う」という経営哲学が欠けていることに起因する。社員一人ひとりが何のために企業活動を行うのかを考えながら日々過ごすのと、そうでないのとでは大きな差となって現れ、埋めることができないミスマッチとなる危険性をはらんでいる。

(3)　経営哲学を核にした地域再生への取組み

　結論からいえば、地域再生には経営哲学が絶対に必要である。経営哲学を抜きにして人の心を動かすことはできない、ましてや自主的行動に駆り立てることなどできないであろう。

　それは社員自らが、事の善し悪しを判断するモノサシがあって初めて次のステップへ進むことができるからである。状況が変わったりすることでモノサシが変わるようでは判断を誤る場合が出てくるため、そのモノサシは普遍でなければならない。

　このように、経営哲学が企業に及ぼす影響は計りしれない。特に地域再生など大きな企業デザインを描いていくためには、経営哲学という求心力が必要不可欠である。

　そこで、地域再生への取組みを、経営哲学を核にして具体的に考えてみたい。ただし、国が考える地域再生は、ある市町村をベースにした地方自治体が主体となって民間企業を活用するのがねらいである。しかし、民間企業は補助金目的などのあくまでも受動的な対応が多く、自主性はほとんどないといってもよいだろう。結局、国や地方自治体の支援がなければ何もできないということでもある。

ここでは、国や地方自治体の支援を活用せずに、民間企業主導で事業を起こすことをねらいとしている。

● 中小建設企業Ｔ社の地域再生への取組み例

> 　Ｈ市にあるＴ社はその地域の特色を、観光地、温泉地、自然探訪の地、工業地、商業地に区分してみた。するとＨ市は特色のないところが特色でもあった。しかし、Ｈ市の財政は逼迫しており、市町村合併が頼みの綱であったが、住民による自主投票の結果、市町村合併はしないことになった。
> 　これは市民に危機意識がなく、合併の本来の目的が伝わらなかったために自分たちのエゴイズムを押し通す形となった例である。そこでＴ社は、公共工事頼みから脱却するために他産業を巻き込んで複数企業とのコラボレートを試みた。IT産業をパートナーにすることで、生鮮食料品の産地と消費者を結ぶ情報提供サービスを開始した。需要と供給のバランスがこの地域で商圏となり得るかどうかが最大の懸念材料であった。また、大型スーパーや商店街がひしめく中での賭けでもあった。

　このＴ社が掲げた経営哲学は以下のような内容であった。
① 　安心と真心と笑顔
② 　すべての人を待たせない
③ 　自然と地域の共生

　以上からＴ社の経営理念、経営ビジョン、経営方針が打ち出され、必要な人材を確保し、取り組むべき経営改革を断行していった。経営改革は本業の強化と新規事業への取組みという２つの柱で行っていたため、経営ビジョンおよび経営方針も２方向とし、事業部別組織と機能別組織を融合させたマトリックス組織で活動することになった。

　そこで、経営哲学を核にした経営理念、本業と新規事業に分かれた経営ビジョン、経営方針を提示しながら地域再生への取組みを検証してみる。

●経営理念（例）

> 「地域住民の暮らしやすさを追求する企業であり続けたい」
> - 地域の生活（衣食住遊学）を快適にサポートするサービスエンジニアを目指す。
> - 自然の美しさを壊すことなく、自然と共存できる生活空間を提案する。

●経営ビジョン（例）

> 本業：建設業
> ① 顧客のニーズを先取りしたマーケティング力と企画力、提案力で顧客の快適さを構築する。
> ② 顧客の問題を解決するパートナーを目指す。
>
> 新規事業：情報サービス業
> ① 産地生産者と消費者の時間軸をゼロにしたサービスを提供する。
> ② 消費者の声を産地へ運び、知恵と工夫でニーズの多様化に対応する。

●経営方針（例）

> 本業：建設業
> ① ITを最大限に活用し、顧客の市場動向や消費動向の情報提供、開発デザインのサポート、設計積算から施工までの一貫したサービスを提供する。
> ② スピード、問題把握、情報開示を業務のモットーに据えてチームで対応する。
>
> 新規事業：情報サービス業
> ① 携帯やテレビ電話、インターネットを通じて得られた情報を管理することによって、産地生産者と消費者の時間差をなくす。
> ② コラボレートパートナーを開発し、業務提携を通じてサービス革新を起こす。

地域再生への取組みのポイントは次の3つに整理できる。
① 地域に埋もれた従来の商品やノウハウを、必要としている消費者に提供すること。
② ITを手段として活用すること。
③ 規制や常識の壁に阻まれてきた市場を開放し、市場原理を取り戻すこと。

まず①は、従来からの商品やノウハウには付加価値があることを消費者に知らしめることである。ところが、生産者と消費者の間の時間差や情報量の少なさからくる相互の理解不足が原因で、消費や購買に直結しないというところに焦点を当ててみる。

次に②は、①を可能にする手段である。さらに③は、国や地方自治体などによる行政主導型経済を大きく変換するものであり、自己の考えや行動、そして自己責任を果たすことで事業を活性化し、地域の持続的な発展につながる経済を構築するものである。

3 破壊と再生能力を持った人材づくり

(1) 地域再生へ向けて必要な人材とは

官公庁による公共工事削減が避けられない現在、中小建設企業が生き残るには、地域再生に向けた地域のリーディングカンパニーとして、その存在感を示すことが最善の方法だと考えられる。

まさに時代は明治維新にも似た改革の機運が起こっているといっても過言ではない。全国各地域で進められている市町村合併も三位一体改革も同じ方向を向いた取組みであるため、これに乗り遅れずに推進しなければならない。

現在、中小建設企業に必要な人材は、戦いをおそれて平和のみを願う人

材では到底務まらないであろう。つまり、地方自治体の予算に従う指名競争入札など閉鎖的な環境の中での受注活動しか知らない営業マンや、その受注が前提で施工する現場代理人では地域再生を手がけることはできない。

今の時代が求めている人材とは一体どのような人材なのか、経営環境の変化から生じた課題を抽出しながら明らかにしてみたい。

●経営環境変化から生じた課題

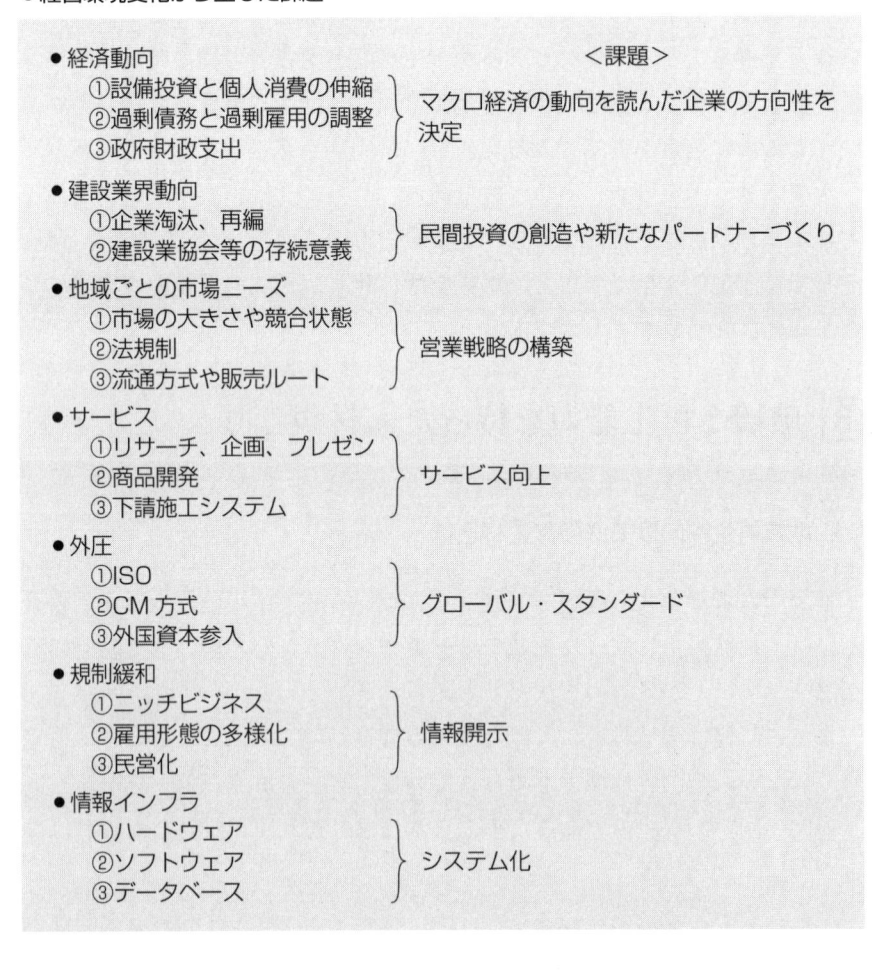

- 経済動向
    - ①設備投資と個人消費の伸縮
    - ②過剰債務と過剰雇用の調整
    - ③政府財政支出

    ＜課題＞
    マクロ経済の動向を読んだ企業の方向性を決定

- 建設業界動向
    - ①企業淘汰、再編
    - ②建設業協会等の存続意義

    民間投資の創造や新たなパートナーづくり

- 地域ごとの市場ニーズ
    - ①市場の大きさや競合状態
    - ②法規制
    - ③流通方式や販売ルート

    営業戦略の構築

- サービス
    - ①リサーチ、企画、プレゼン
    - ②商品開発
    - ③下請施工システム

    サービス向上

- 外圧
    - ①ISO
    - ②CM方式
    - ③外国資本参入

    グローバル・スタンダード

- 規制緩和
    - ①ニッチビジネス
    - ②雇用形態の多様化
    - ③民営化

    情報開示

- 情報インフラ
    - ①ハードウェア
    - ②ソフトウェア
    - ③データベース

    システム化

前頁の図によって抽出された課題が解決できる人材こそ、次世代の地域を担う新たな人材だと考えられる。そこで地域再生に向けた人材の姿とは、具体的に整理してみると次のようになる。

① マクロ経済の動向を読みつつ、企業の目指す方向性を描くことができる。
② 公共工事を核とした建設業から脱却し、サービスを提供する事業に変身できる。
③ 改革を推進できるビジネスパートナーを構築できる。
④ 地域の特色や商圏をつかんだ新規事業が構築できる。
⑤ ITを戦略構築や展開の手段として活用することができ、付加価値重視の経営が実践できる。
⑥ 市場に対して情報を発信し、市場とコミュニケーションを密にしたビジネスを展開できる。

以上からいえることは、既存の事業で将来の地域づくりにつながらないものは自己がリーダーとなって率先垂範することで壊すことができる。それと同時に、新たな将来を構築できる再生能力を持った人材が求められている。

それでは次に、どのようにしたら上記のような人材を創ることができるのかを説明する。

(2) 破壊と再生能力を持った人材育成

横並び主義であったり、競争環境がなかったり、さらに客観的評価ができない、責任を取らせないなどの組織風土では、破壊と再生能力を持った人材を育成することはできない。

それではどうすればよいのか。それにはまず、外部機関のような専門家を活用し、企業診断から事業戦略までを構築することである。目指す方向性を決定し、自社に不足している課題を抽出するとともに優先すべき課題

は何なのか、具体的にどのようにして進めればよいのかなど、客観的評価ができる外部機関を使って明らかにしたほうがよい。

なぜなら、自社の社員では長い間に培ってきたものを壊すことができないだけでなく、現在を否定しなければならない新たなシステムは構築できないからである。自社で行うこともまったく無理ではないが、外部を活用するほうが費用対効果の面からも適切である。

まず、経営者は破壊と再生能力を持った人材を育成する土台をつくるため、孤独でつらい意思決定をすることから始めることになる。次に、現在の組織風土や経営システムを破壊できる人材を育成する、将来を見据えた組織風土や経営システムを再生できる人材を育成するというステップは以下のようになる。ただし、この2つは表裏一体であるため、常に同時に進行させる必要がある。

① 地域を取りまく外部環境の変化と自社の経営環境の変化を連動させて把握する。
② 経営者の経営哲学に従って将来の進むべき姿である経営ビジョン、経営方針を構築する。
③ 現状の組織風土や経営システムを整理し、比較するために将来のあるべき組織風土や経営システムを構築し、相違点を抽出する。
④ 破壊すべきことと再生すべきことを明らかにする。
⑤ 計画と実施、監視、検証、そして自己評価を行う。
⑥ 外部機関による第三者の監査を受ける。

4 パートナーとのコラボレーションが地域再生のカギ

(1) 異業種交流の実態

異業種交流は、中小建設企業の経営者に注目されてはいるが、活動にま

で至って成功している例はまれである。しかし、他業界では年々増加する傾向にあり、多くの企業で積極的に活動している。

●異業種交流の定義

> 業種の異なる複数の企業が、経営環境の変化に対応するために、新たなパートナーを募り、そのパートナーとの交流を通じて、互いに異なる技術やノウハウを公開しながら事業化構想を探る。
> そして、その複数の企業はコミュニケーションを通し、合意した新事業を決定・開発して事業として立ち上げていく。そのプロセスを異業種交流という。

この定義における「業種」とは同じ市場で競合しない事業という意味である。身近な例でいえば、建設業の中でも商品の違う土木工事と建築工事、顧客の違う官と民である。つまり、どのような商品やサービスを、どのような方法で、どこで、誰が、誰に提供しているかを識別したものである。

また、異業種交流は、単独で新規事業を開発するリスクを分散し、自社にない技術やノウハウを取り込んで新たな事業を立ち上げていくことを目的とし、活動するものである。そのために経営者の企業継続に対する決意を示す必要がある。したがって、参加することの意義を理解して、高い志を持った経営者同士の交流の場となる。

次に中小建設企業における異業種交流に対する声を紹介する。

① 行政主導があり、しかも確実な予算の確保ができれば考える余地がある。
② 本業の予算を増やしてくれれば、別に異業種交流によって新たな事業を立ち上げる必要もないし、やりたくもない。
③ 興味本位で参加しているが、情報収集の域を出ることはなく、進んで活動すると本業に影響がでるため積極的には活動しない。
④ 他業種のことはまったく理解できないので、参加しても新たな事業

のイメージが湧かない。
　⑤　いまさら建設業以外のことはやりたくない。また、仕事が少なくなった場合は事業を縮小すればよいと考えている。
　⑥　建設業以外の業界では、仕事の中身が違うので議論がかみ合わないし、何を話せばよいのかわからないので参加しない。

以上のような声が主流である。もちろん異業種交流によって成功している経営者もいるが、ほとんどの経営者は異業種交流へ参加する以前に諦めているといってもよい。

さらに、実際に活動していても次のような課題が提議されている。
　①　異業種交流の運営ノウハウを持った専門家の活用
　②　異業種交流の目的意識と積極的姿勢
　③　事業化に結びつく開発目標を明確にした活動

まず、①専門家の活用については、異業種交流を1つのプロジェクトと考えれば、プロジェクトリーダーのことである。これは直接に利害関係がなく、客観的に進められる立場であることが必要なため、第三者であることが望ましい。専門家の機能としては、常に全体を把握しながら情報を整理し、次のステップが提示でき、そして開発目標に対する位置づけを確認するとともにメンバーに必要な情報を流し続けられることである。

次に、②建設企業経営者の目的意識や積極的姿勢をどのようにして喚起し、醸成していけばよいかである。前述したように、経営者の声は必ずしも建設的とはいえない。しかし、意欲のある経営者に対しては決断させるための情報提供になる。例えば、各都道府県の建設業協会等が核となれば環境を構築することができると思われる。

　③意欲は持続していても先が見えないと継続は難しいため、事業化に結びつく開発目標を明確に設定することが重要である。

中小企業庁における中小企業経営革新支援制度も、まず開発計画が立案できること、そして、事業の採算性等の把握ができることが支援の条件で

ある。そのため、事業のデザイン程度では支援を得ることはできない。つまり、早期に開発目標を立てた取組みに移行しないと活動意欲もそがれ、支援を得ることもできず、事業化は無理ということになる。

　以上のような課題も踏まえて異業種交流を進めることは、ある程度のリスクを伴うが、何もしないで倒産を待っているのは、それ以上のリスクを抱えているといえないだろうか。

(2)　建設業の壁を越えて地域再生へ

　繰り返しになるが、建設業がこれまでに行ってきた事業は国土のインフラ整備である。そこには地域と密接にかかわり続けてきた業界であるとともに、地域の発展と国民の生活向上に寄与してきたという自負がある。

　しかし、談合疑惑や政官業癒着による建設業バッシングから、その信頼を回復するにはさらなる貢献への努力が必要である。そのためには当然、公共事業だけに頼る業界のあり方そのものを変えていかなければ実現不可能である。

　期待されているのは、地域再生でリーディングカンパニーとなり、そして、その地域再生の糸口は異業種交流による事業化である。そのためには、建設業の仕事のあり方を根本的に変える必要がある。例えば、官の予算による指名競争入札受注のための営業機能について、地域のニーズに沿った事業計画を地域の異業種企業間で描き、民間企業が主体の事業化計画を進め、コンペ方式で行政に提案して受注するといったものである。おそらく地方財政が逼迫している現状、また、三位一体改革という国の施策を考えた場合、これを導入する地方自治体は増加するはずである。

　この考え方が現実になるか否かは、建設企業自身で考えて変えていくべきものである。そして、官離れ意識を持って自立の道を歩んで欲しいものである。

(3) パートナーとのコラボレーションで主導権を握る

　経営環境が逆風続きの現在、どのようにして官離れができる状態に移行していくのか。しかも将来に向けて一番問題になるのが若手の建設業離れである。人材の確保ができなければ将来の姿はない。それだけに緊急度の高い経営課題でもある。

　この項では、経営哲学から企業経営を考えるとともに、異業種とのパートナーづくりを通して地域再生につなぐプロセスを解説してきた。それは結局、経営者の意欲に委ねられるのだが、地域再生を実施するにしても、企業間でのコラボレーションを推進するにしても、活動する場合はその主導権を握ることである。

　しかし現在は、主導権を握って活動できる状態ではない。なぜなら、地域の商工会議所においても建設部会が活動している事実はほとんどなく、それ以前に、商業部会や工業部会等の他業種を超えて異業種交流を図っていこうという意欲すらないのが現状だからである。

　この現実を変えるためには、公共投資に頼る経営から脱却する以外に方法はない。そのポイントは以下のとおりである。

① 経営哲学を持つこと。
② 経営哲学を具現化した事業戦略にブレイクダウンすること。
③ 経営哲学を核とした人材創造、経営改革、地域再生を考えること。
④ 破壊と再生能力を持った人材づくりをすること。
⑤ 異業種との交流を最優先におくこと。
⑥ 真のパートナーとのコラボレーションで新事業化を考えること。
⑦ リーディングカンパニーの地位を築くこと。

第3節 人材創造は自己実現の場

1 自己実現の実態

　建設企業が勝ち残れるか否かは、人材のレベルアップにかかっている。企業経営は経営者一人でできるのではなく、全社員一人ひとりの力を結集し、一丸となって進められて初めて組織としての成果につながるのである。人材創造という取組みの中で社員の自己実現を達成することが、建設企業の事業を継続できる姿と重なる。それでは、自己実現とは何なのか。

● 自己実現

> 自己を取りまく上司、取引先、地域住民、生涯を通じての友人等との関係を通して、自己の能力や感性を磨き、成熟させていく過程である。

　自己実現を一人で達成することはあり得ない。必ず自己を取りまく人たちが存在し、その環境の中で達成させていくものである。

　教育は企業から与えられるものだと理解している社員がいるが、本来は身銭を切り、仕事が終了した後や休日に勉強するものである。自己のために知識習得や能力向上を進んで実行してこそ身につくものである。

今後、建設企業が勝ち残るためには、将来の企業づくりに能力を発揮できない社員は淘汰することが必要であるが、現実は「その人がいなくなると仕事がストップする」というように、人に仕事がついてまわる業界の風土があるため、それもできずにいる。それでは、経営者はいつまでこうした状況を放置するつもりなのだろうか。

　企業は社員に対して新たな知識や、企業として必要な能力を、期限を切って習得させなければならない。そして社員は、このチャンスを自己の飛躍の場として大いに活用すべきである。当然、企業は取り組む姿勢をみせない社員についての雇用を問題視する必要もあると思われる。

　「企業は人なり」の実現と社員の自己実現のために、企業は環境を整え、社員は目標に向かって進むという過程、つまり、人材創造を行うこと自体が経営哲学である。

　そこで以下では、人材創造を自己実現の場として活用することを考えていくことにする。まず、経営哲学を核とする人材創造が社員の自己実現の場となり得るかどうかを具体的に解説する。次に自己実現の場は机上論ではなく市場であるため、その一体化について考えてみる。最後に、人材創造が企業にとって救世主になることができるのか、そして、社員自身も「自ら考え、自ら進む方向を見つけ、自ら行動できる」人材に変貌できるかどうかについて整理してみる。

2 経営哲学を核とする人材創造

(1) 自己実現は人材創造を核としたスパイラル構造

　人材創造を経営哲学のような普遍的な取組みとした場合、それを軸として、次頁の①〜③が錐もみ状態で絡み合い、切磋させながら自己実現という頂点を目指す構造になっている（次頁の図参照）。

●経営哲学と地域再生の概念図

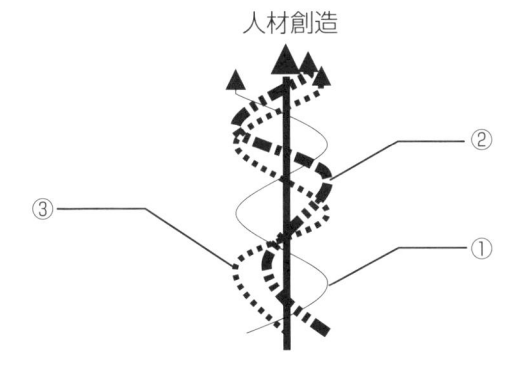

人材創造

① 企業の経営哲学を核とした経営と人材創造へのサポート環境づくり
② 人材創造と市場の一体化
③ 社員自身のやる気を持った取組み

　まず、人材創造を経営の土台に据えなければならない。次に、企業の将来を議論する場である取締役会および経営者を交えた経営幹部の会議で人材創造に取り組むことを決定する。そこから自己実現を目指してスタートを切ることになる。経営者だけの独壇場や、一部の経営幹部に任せたやり方ではうまくいかない。意思決定にかかわるすべての経営陣が参加する場を設定し、議論のうえで決定することが必要である。とかく反対するだけの役員に対しては、必ず自分の意見を言わせて逃げ場をつくらないことである。

　決定しても不満を言う者が出るのが日本の企業風土の1つでもある。それは自分の考えをその場で述べる習慣がないのが原因である。発言する機会を設定し、自分の考えがない場合には協力を惜しまないことを約束させることが重要である。

　次に、自己実現に至るまでのステップを整理してみる。
① 第1ステップ
　　社員が日常生活を営むための衣食住遊を満足させる「生理的欲求」

と、職場の環境や労働条件を改善していく「安全の欲求」を共に得られるようにする。つまり、人間として基本的な欲求を満足させることである。決められた仕事をこなすことで労働の対価が賃金として支払われ、組織の一員となって行動できる環境が整うことである。

② 第2ステップ

このステップでは、指示されるだけでなく、自分も指示したい、集団の中で行動したいと思う集団帰属的な欲求で「所属と愛の欲求」を求めるものである。つまり、仲間と同じような仕事に就きたいといったような、自分がやっていない仕事に着目するという欲求である。

③ 第3ステップ

この段階では自分の能力にも自信がつき、仲間と競争して勝ちたい、認められたいと思う欲求で、「承認の欲求」と呼ばれている。もちろん賃金も多く得たいし、自分が集団の中で価値ある存在であると認められることがこのうえない喜びとなる。対外的なポジショニングが与えられ、仕事のできる社員として多くの人とかかわるようになる。

多くの企業ではこの第3ステップを目指して個々がしのぎを削っているわけである。

④ 第4ステップ

企業において、この第4ステップに進む人は少ない。なぜならば、企業の目指すものと自己が目指すものが同じであることはほとんどないといってもよく、自己の目指すものが達成されても、企業にとっての満足につながらなければ、結局は自己実現ではなく自己満足で終わってしまうからである。

その欲求は、自己の能力を使った創造的活動や、これまで自分にはなかった能力の向上なり成長を遂げることができ、他者への貢献に寄与した場合に感じる「自己実現の欲求」である。つまり、自己の目的と企業の目的、そして地域の目的が1つにつながったとき、自己実現

の欲求が満たされるということになる。

以上のステップに、前述した次の3つの取組みを相互に絡み合わせながら実施していく。

① 企業の経営哲学を核とした経営と人材創造へのサポート環境づくり
② 人材創造と市場の一体化
③ 社員自身のやる気を持った取組み

(2) 経営哲学を持たない人材創造では企業の自己実現はない

社員が自己実現を目指すための欲求を持つのと同様に、企業も自己実現すべき欲求を持つことの意義については前述した。

企業と社員の目指す方向は異なるのが普通だが、自己実現という欲求を満足させるには両者が同じ方向を目指す必要があり、企業存続を考えた取組みのところで幾度となく述べてきた。さらに、経営哲学が人材創造に及ぼす影響についても前述した。

つまり、欲求の最高位に位置する自己実現を目指さない限り経営にはつながらないということである。そして、その経営は人材創造そのものの活動であり、「人づくりの経営」といっても過言ではない。

3 人材創造と市場の一体化

(1) 机上論で終わらせないために専門家を活用する

「人づくりに投資することができない」という経営者が、この先どのような経営を目指していくのだろうか。財務体質が慢性的に逼迫している企業は、立て直すための優先課題をどう組み立てているのだろうか。

そのような企業が、哲学、挑戦、革命、創造、スピード等のキーワードを描いて行動しているとは思えない。仮に社員を経営改革の戦力と考えて

いるとすれば、この5つのキーワードを実践するとともに、育成、採用など戦力化のための具体的方策が必要である。従来の能力や経営機能では、もはや成果に結びつけることはできない。したがって、過去から現在に至る資源を将来に向けて活用するだけでなく、将来の成功をつかむために必要な資源を新たに創らなければならない。

経営者は自分の頭だけで考えるのではなく、外部の専門家に相談するのも1つの方法である。今後の経営について、納得するまで徹底的に専門家と議論すべきである。本来、経営者は市場や地域に出て活動すべきポジショニングであるにもかかわらず、何もしない集団の中で嵐が過ぎ去るのをじっと待っていると思われても仕方がない。

ただし、外部の専門家に依頼したからといって直ちに特効薬が処方され、企業の努力なしに経営が上向くことはあり得ない。つまり経営は、経営者を含めた組織の構成員がやるべきことであって、専門家が進めるわけではないからである。専門家の主な機能は、経営に対する動機づけや経営手段の提供、情報の提供などのサポートである。

したがって経営者は、経営改革等において、自己の機能を判断し、持っていない場合は専門家を登用して実際に行動することである。

(2) 人材創造は常に市場と一体化させる

業務を通して人材を育成すること、つまり職場内での訓練、または現場におけるマンツーマン教育、すなわちOJTはよく知られた育成方法である。ところが、その多くは、一過性の集合教育である現場から離れたOff JTが主流である。もちろん、それぞれに目的があり、使い分けて活用すれば問題はないし、内容を理解して実施すれば効果は期待できる。

しかし、実態は第1章で述べたとおり非常に惨憺たる結果となっている。これは企業および社員の双方に問題はあるが、最終的には企業の経営者の問題である。業務を担当させていれば人材を育成できるという発想そのも

のに問題がある。なぜなら、創造する力や問題解決する力を活用するようなマネジメント教育ができないだけでなく、最終的には経営に近づこうとする社員を排除することになってしまうからである。

人材を育成する環境の中で、これまで欠けていたのが「市場との一体化」という問題である。それはマーケティング機能の欠落によって、戦略の基盤が外部環境の変化や市場のニーズに基づいて築かれていなかったからである。また、顧客の求める商品開発機能でも同様のことがいえ、いずれもマーケティング機能が重要な要素になっている。

つまり、人材創造は市場のマーケティング機能習得と連動させて実施しなければならない。単なる社内研修や外部セミナー等に無理やり出席させるのではなく、将来の人材を創造するための取組みとして、社員自身が実施したいと思う環境を創っていかなければその意味はない。

4 人材創造で企業を変え、社員を変貌させる

(1) 人材創造は経営哲学を根源にした「構造改革」である

人材創造の最終点は建設業界の構造改革である。公共投資に守られてきた業界の国内総生産（GDP）は建設投資割合10％、これほどまでに減少した原因は何なのか、今、考える時期にきている。

社会構造の変化とグローバル市場経済による産業構造の変化に対応できるシステムを創ることが、この状態を変革できると考えられる。いつまでも国の政策だけに頼っていては勝ち残ることはできない。つまり、自分自身が立ち上がる以外に勝ち残る術はないのである。

コスト削減による生産性の向上は、リストラなど自分自身の手足をもぎ取る安易な取組みを増殖させているといわれるが、これは民間企業に必ずつきまとう問題でもある。まず、その厳しい現実を受け止める必要があ

る。

　もちろん生産性の向上に向けて無駄を省く知恵を使うのは当然だが、それ以上に建設需要を創造し、新たな市場を創り出す取組みこそが、今やるべき改革なのである。

　それができて初めて人材の有効活用を図ることができ、先進国における競争市場の仲間入りができるというものである。人材の持つ能力を常に磨き続けることができないというようでは、経営というフィールドで他の業界とコラボレーションもできるわけがない。そして、国の政策がなければ何もできない産業だというレッテルを貼られてしまうことになる。

　人材創造が中小建設企業にとって優先課題であることを認識し、断固として構造改革に着手すべきである。

(2) 社員の心に熱き火を灯せ

　時の経過は早いもので、平成バブルからすでに10年以上経っている。ところが、その時代の流れの中にあって、建設業は成熟した産業になるどころか、昭和50年代のままの構造で停滞している。これは、いかに新規事業開発や地域再生ができる人材を輩出してこなかったことの表れでもある。

　今、期待したいのは、経営者と新たな発想を持った社員の「経営に対する熱き姿勢」である。現在、若い建設マンの中には、明日の建設業を憂い、悶々とした日々を過ごしている人も多いだろう。そうした将来を担う建設マンの憂いを聞いてやることも、将来を語り合うこともできなくて、どうして今後の建設業が語れるだろうか？

　多種多様な情報が氾濫する「情報化時代」において、その情報を活用し、地域社会を動かすことができるのが建設業界だと考えている。多くの情報をその手段として考え、多角的に活用できる日がそう遠くはないことを願ってやまない。

■著者紹介

小澤　康宏（おざわ　やすひろ）
中小建設企業の経営改革、コストダウン指導を中心とした経営コンサルタント。1957年、埼玉県生まれ。
1980年、東洋大学工学部土木工学科卒業。同年、飛島建設株式会社入社。
1992年、株式会社日本コンサルタントグループへ。2003年に退職後、現在、建設マネジメントコンサルティング研究所（CMCL：Construction Management Consulting Laboratory）を主宰、地域に密着したコンサルティングを展開し、中小建設企業の再生と市場創造に向けたアドバイザーとして活躍中。
社団法人日本経営士会経営士。社団法人全日本能率連盟マスター・マネジメント・コンサルタント。
著書として、『建設経営革命』、『建設業 OJT 読本』（共著）、『建設業・新入社員読本』（共著）ほか。

建設経営者のための　企業利益を生み出す　人材創造

2007年4月16日　発行

著　者　　小澤　康宏Ⓒ
発行者　　小泉　定裕

発行所　　株式会社　清文社
　　　　　東京都千代田区神田司町 2-8-4（吹田屋ビル）
　　　　　〒101-0048　電話03(5289)9931　FAX03(5289)9917
　　　　　大阪市北区天神橋 2 丁目北 2-6（大和南森町ビル）
　　　　　〒530-0041　電話06(6135)4050　FAX06(6135)4059
　　　　　URL http://www.skattsei.co.jp/

■本書の内容に関するご質問はファクシミリ(03-5289-9887)でお願いいたします。　　亜細亜印刷株式会社
■著作権法により無断複写複製は禁止されています。落丁本・乱丁本はお取替えいたします。

ISBN978-4-433-38046-5 C2034